ZEITSCHRIFT für Meteorologie

Herausgeber Prof. Dr. R. SÜRING
Direktor des Meteorologischen Zentralobservatoriums Potsdam

unter Mitwirkung von
Prof. Dr. G. Falckenberg-Warnemünde · Prof. Dr. König-Potsdam
und Prof. Dr. F. Schindelhauer-Potsdam

JAHRGANG 1 HEFT 1 OKTOBER 1946

DEUTSCHER
ZENTRALVERLAG GMBH
BERLIN

Inhaltsverzeichnis

Seite

Zur Einführung 1

Aufsätze und kleinere Mitteilungen:

A. Schmauß: Sichtbare Druckwellen 2

F. Schindelhauer: Reflexion von Luftstörungen an der Ionosphäre, mit 4 Abbildungen 14

H. Tichy: Zur Theorie der Wetterwirkung auf den Menschen 17

R. Bock: Über magnetische Orientierung 21

C. Kaßner: Das Verhältnis der Niederschlagsmenge in den drei Sommermonaten zu der der drei Wintermonate in Deutschland 23

C. Kaßner: Über Windnamen an der bulgarischen Schwarzmeerküste . 25

Personalnachrichten:

R. Süring: Nachruf auf O. Hoelper 26

A. Schmauß: Nachruf auf Fritz Schnaidt 26

Meteorologische und geophysikalische Sonderberichte:

Synoptischer Bericht über die Monate April und Mai 1946 27

Witterungsbericht der Ostzone für Juli 1946 29

Endgültige Sonnenflecken-Gruppen- und Relativzahlen für 1945 31

Provisorische Züricher Sonnenflecken-Relativzahlen für das erste Halbjahr 1946 32

Nordlicht-Beobachtungen 32

Zeitschrift für Meteorologie

Herausgegeben
von
R. Süring - Potsdam, Meteorologisches Zentralobservatorium
unter Mitwirkung von
Prof. Dr. G. Falckenberg - Warnemünde, Prof. Dr. W. König - Potsdam und
Prof. Dr. F. Schindelhauer - Potsdam

Heft 1 | Potsdam | Oktober 1946

Zur Einführung

Der rasche Aufschwung meteorologischer Forschung seit Beendigung der Kriegshandlungen läßt es erwünscht erscheinen, den Fachgenossen baldmöglichst die Ergebnisse von Beobachtung und Forschung bekannt zu geben. Am besten geschieht dies durch Wiederbelebung einer Zeitschrift. Dank der Unterstützung durch die Sowjetische Militär-Administration (SMA) ist es ermöglicht, eine solche Zeitschrift herauszugeben.

Von der Meteorologischen Zeitschrift ist als letztes Heft das Heft 7 (Juli) 1944 den Mitgliedern der Deutschen Meteorologischen Gesellschaft zugeschickt worden. Das Heft 8 (August) 1944 ist fertig gesetzt und umbrochen, konnte aber aus Papiermangel nicht gedruckt werden. Die neue Serie der vorliegenden „Zeitschrift für Meteorologie" beginnt mit Oktober 1946. Es ist beabsichtigt, in jedem Monat ein Heft von etwa 40 Seiten Umfang zu veröffentlichen.

Jedes Heft wird - wie bisher - mehrere Aufsätze und kleinere Mitteilungen aus dem Gebiet der Aerologie, Meteorologie, Klimatologie und Bioklimatologie, Geophysik und Hydrographie enthalten. Außerdem soll aber eine größere Zahl von numerischen Daten über den Witterungsverlauf der letzten Wochen gebracht werden. (Wetterbeschreibungen, Klima-Daten, Verteilung der Luftmassen, außerordentliche Vorkommnisse, Sonnenflecken, erdmagnetische Störungen usw.)

Schließlich sollen Personalnachrichten (Berufungen, Todesfälle, Nachrufe, Kongresse) und bibliographische Notizen (Titel neuer Veröffentlichungen, Referate) in dieser Zeitschrift gebracht werden.

Manuskripte für die Zeitschrift sind unter der Adresse: „Meteorologisches Zentralobservatorium in Potsdam" (Telegraphenberg) an den Unterzeichneten einzusenden.

Die Zeitschrift für Meteorologie erscheint jährlich in 12 Heften zum Preis von 4.- RM. je Heft. Bestellungen sind zu richten an den „Deutschen Zentralverlag G. m. b. H. in (1) Berlin C 2, Breite Straße 37". Manuskripte und wissenschaftlicher Schriftwechsel sind an Dr. R. Süring in Potsdam, Meteorologisches Zentralobservatorium, zu richten.

Die Einsender von Manuskripten werden gebeten, sich möglichst kurz zu fassen. Den Aufsätzen soll eine kurze Zusammenfassung der Ergebnisse (bis zu 15 Zeilen) vorangehen oder folgen. Tabellen und Abbildungen sind auf das Notwendigste zu beschränken.

Nur reproduktionsfertiges Abbildungsmaterial kann angenommen werden. Dabei ist darauf zu achten, daß Bezeichnungen innerhalb von Abbildungen nur mit Bleistift eingetragen und daß die Vorlagen nicht geknickt werden. Zu den Abbildungen erbitten wir Unterschriften, die nicht auf diesen, sondern innerhalb des Manuskriptes selbst einzutragen sind.

Den Mitarbeitern werden auf Wunsch bis zu 25 Sonderdrucke von ihren Aufsätzen und Mitteilungen unberechnet geliefert.

Der Verlag
Deutscher Zentralverlag GmbH.
Berlin

Der Herausgeber
Dr. R. Süring
Direktor des Meteorologischen Zentralobservatoriums Potsdam

Sichtbare Druckwellen

Von A. Schmauß, München

Ende August 1944 erschienen in einigen Tageszeitungen unter teilweise sensationellen Überschriften Mitteilungen über Druck- und Schallwellen, die am Himmel zu sehen sind. Offensichtlich gingen sie auf ein Korrespondenzbüro zurück, das den Aufsatz in der Met. Zeitschr. **61**, 133, 1944 über diesen Vorgang als Unterlage benützt hatte. Wenn ich dabei als „der Entdecker" dieser Erscheinung hingestellt wurde, lag das gewiß nicht in meinem Sinne, ebensowenig der Schluß, daß ich dankbar wäre, wenn mir Beobachtungen z u g e s c h i c k t würden. Ich hatte lediglich ermuntert, auf die Vorgänge zu achten. Dem Erscheinungsorte entsprechend war dabei an die Mitarbeit von Meteorologen gedacht, die selbst ihre Beobachtungen veröffentlichen sollten.

Es war mir daher eine zunächst gar nicht freudige Überraschung, als ich im September viele Zuschriften bekam, in denen die Beobachter dieser meteorologischen Erscheinung eine Beschreibung derselben gaben. Eine zweite Welle von Zuschriften erreichte mich in der ersten Novemberhälfte, als die Zeitungsnotiz, auf die Frontzeitungen übernommen, an die Wehrmacht gelangte. Da ich gewohnt bin, solche Zuschriften auch persönlich zu beantworten, wurde das, als die Anzahl auf über zweihundert stieg, eine zusätzliche Arbeit von beachtlichem Ausmaße. Sie hat sich aber gelohnt, da aus den Berichten allerlei herauszuholen war.

Ich möchte versuchen, einen Auszug der Beiträge zu geben, wobei ich leider nur einigen Einsendern das Wort geben kann. Die übrigen, soweit ihnen dieser Bericht zu Gesicht kommen sollte, seien ebenso bedankt; auch ihre Beiträge fanden Verwertung, da es natürlich sehr wichtig war, die einzelnen Gesichtspunkte, auf tunlichst viele Beobachter gestützt, darstellen zu können. Es hat mir eine Freude bereitet, von physikalisch zumeist unvoreingenommenen Beobachtern Schilderungen zu lesen, wie sie jeweils den Vorgang ansahen.

Fast alle Berichte betonen am Eingang die Schönheit der Erscheinung, schildern den geisterhaften Vorgang, dessen Augenzeugen sie geworden waren und geben Aufschluß über die Deutung, die sie dem Ereignis gegeben haben. Für manche war der Zeitungsaufsatz eine Enttäuschung. da sie geglaubt hatten, Zeugen eines neuen, geheimnisvollen Kampfmittels geworden zu sein, mit dem es gelingen könnte, die feindlichen Flieger herabzuholen, oder aber miterlebt zu haben, daß unsere Gegner optische Versuche zu ihrer Tarnung anstellen usw. Nach der Lektüre dieser mehr persönlichen Äußerungen mußte man dem Korrespondenzbüro doch recht dankbar sein, daß es einen Bericht über diese Erscheinung in die Tageszeitungen gebracht hatte, da viele froh waren, von Sorgen befreit zu werden und Anregungen für weitere Beobachtungen zu erhalten.

I. Entstehungsort der Wellen.

Zu den schon in den ersten Beschreibungen angegebenen Ausgangsstellen für solche am Himmel sichtbare Wellen: Artillerieabschüsse[1])[2]), Flakgranaten[3])[4]), Brandbomben[4]) ist nunmehr aus den Zuschriften zu entnehmen, daß jede Detonation eines Sprengstoffes solche Wellen auslösen kann. Ich füge für jede der zu unterscheidenden Arten einige Belegstücke bei.

1. A b s c h ü s s e.

Wehrmachtspfarrer D. J o a c h i m berichtet:

„An einem Tage der Herbstschlacht südlich des Ladogasees (September 1942) fanden recht heftige Luftkämpfe in großer Höhe statt. Die sich dabei bildenden Kondensstreifen hatten an dem sonst klaren Herbsthimmel eine richtige leichte Wolkenbildung hervorgerufen. Auf dieser Decke war jeder Artillerieabschuß deutlich in ringförmigen Wellen zu beobachten. Zunächst bemerkte man nur zitternde dunkle Streifen, die über die dünnen Wolken liefen. Es ließ sich beim Abschuß einer etwa 2 km entfernten Kanonenbatterie zwei bis drei Sekunden später deutlich immer wieder in derselben Gegend die Wirkung an der Wolkenbildung feststellen. Es handelte sich damals einwandfrei um Artillerieschüsse.

Es müssen wohl zur Bildung dieses Naturphänomens ganz besondere Umstände beitragen, denn trotz fünfjährigen Aufenthalts im Felde, wobei ich oft genug Gelegenheit hatte, bedeutend stärkeres Artilleriefeuer zu erleben, habe ich diese Beobachtungen sonst niemals machen können."

Unteroffizier S p i e l v o g e l schreibt:

„Sie haben recht, die Wellen kann man bei günstigem Wetter sehen. Wir lagen zwischen zwei Art-Batterien. Sobald beide Batterien gleichzeitig feuerten, kreuzten sich zwei verschiedene Wellengänge, ohne sich zu stören."

Eine besonders interessante und seltene Beobachtung aus dem vorigen Krieg übersandte Dipl.-Ing. K. Th. H e r l e i n :

„Als in Frankreich am 20. oder 21. März 1918 die große Offensive gegen die französische Front unternommen wurde, war ich in der Gegend von Villers le Sec über einer Nebeldecke von etwa 200—400 m Höhe in einem Fesselballon zur Beobachtung feindlicher Flieger. Über der Nebeldecke war herrlicher Sonnenschein. In der Nähe des Aufstiegortes etwa in der Entfernung von 300—400 m schoß ein Langrohrgeschütz nach der feindlichen Front hinüber. So oft geschossen wurde, stieg dicker gelber Qualm aus der Nebeldecke empor, und von dieser Stelle aus entwickelte sich ein halbsphärisches Gebilde wie eine immer größer werdende Haut, deren seitliche, mir zugewandte Fläche ich deutlich auf mich zukommen sah. Sobald diese wandernde Wand den Ballon, in dessen Gondel ich mich befand, erreichte, hörte ich auch den Abschuß des Geschützes . . .

Bemerken möchte ich noch, daß ich von einem Wandern bzw. einem „Hinhuschen" der Kugelwelle auf der Nebeldecke nichts wahrgenommen habe, sondern nur von einem radialen Ausdehnen derselben, wobei ihr Mittelpunkt, die gelbe Qualmstelle, ihren Platz behielt, er also als ortsfest zu betrachten war."

In diesem Kriege war natürlich sehr viel öfter die Möglichkeit gegeben, die Wellen von oben zu sehen; es liegen Beobachtungen von Aufklärern vor, die ähnliche Erscheinungen an der Oberfläche von Hochnebelfeldern bei darunterliegendem Artilleriebeschuß festgestellt haben.

Daß nicht nur großkalibrige Geschütze solche Wellen am Himmel auslösen können, geht u. a. aus dem Berichte des San.-Unteroffiziers M. R e n d a l hervor:

[1]) S c h m a u ß , A. Met. Z. *35*, 184, 1918.
[2]) B e c k e r , R. An. d. Hydr. u. marit. Met. *71*, 405, 1943.
[3]) S c h m a u ß , A. Met. Z. *61*, 133, 1944.
[4]) S c h m a u ß , A. Met. Z. *61*, 279, 1944.

„Ich beobachtete als Angehöriger einer Art.-Einheit am 23. 10. 44 in Ostpreußen die von Ihnen beschriebenen Erscheinungen. Das Wetter war fast klar, lediglich einige schwache, auseinandergezogene Wölkchen in einigen Tausend Meter Höhe waren über uns zu bemerken. Durch russische Schlachtflieger aus etwa 500 bis 600 m Höhe im Sturzfluge angegriffen, bemerkte ich aus meinem Deckungsloch heraus plötzlich eine in drei parallelen Wellen auftretende Schlierenbildung am Himmel, die sich durch das Blau des Himmels und durch die Wolken bewegte. Sichtbarkeitsdauer etwa zwei Sekunden. In diesem Augenblicke wahrnehmbare Waffenwirkung: ,Von der Erde aus 2-cm-Vierlingsflak und 3,7-cm-Flakgeschütze (aber keine schweren Flakgeschütze!) von den Flugzeugen aus Bordwaffenbeschuß und in Flugrichtung ausgestoßene sogenannte Schleuderbomben (mittleres Kaliber), die sich raketentechnisch vom Flugzeug lösen. . . .

Mir als Laien auf meteorologischem Gebiete (ich bin Medizinstudent mit drei Semestern) würde die Erklärung von Professor Finsterwalder verständlich sein, wenn Sie nicht als Voraussetzung dieser Erscheinung den „Abschuß eines schweren Geschützes" bezeichnen würden, die nun meiner Beobachtung entgegensteht."

In meiner ersten Mitteilung über diese Wellen hatte ich nur der Genauigkeit des Berichts wegen von den schweren Geschützen geschrieben, deren Abschüsse meinen Beobachtungen zugrunde lagen; eine Bedingung sollte damit nicht ausgesprochen sein.

2. Geschoßknall.

Bei Geschossen, die mit Überschallgeschwindigkeit das Rohr verlassen, wird eine Stirnwelle mitgenommen, die an dem Punkte, wo die Geschwindigkeit unter die Schallgeschwindigkeit sinkt, sich ablösend einen Knall hinausschickt. Daß auch dieser Knall Anlaß zu solchen sichtbaren Wellen geben kann, möchte im folgenden Fall geschlossen werden, über den O. Frese berichtet:

„Bei einem Angriff amerikanischer Verbände auf H.... am Vormittag des 16. 7. 44 wurden folgende Beobachtungen gemacht: Etwa über dem nordwestlichen Stadtgebiet waren unter den Bomberverbänden kreisrunde Ringe zu sehen, die sich horizontal ausbreiteten wie Wasserwellen, welche durch einen in das Wasser geworfenen Stein hervorgerufen werden. Die Wellen lagen bald dicht unter den Verbänden, bald in größerem Abstande darunter. Es schien, daß die Wellen immer wieder neu erregt wurden, Sprengwolken der Flak im Mittelpunkt waren jedoch nicht festzustellen, so daß die Ursache nicht ermittelt werden konnte. Ein Senken oder Heben der Ringe wurde nicht beobachtet."

Die Abschußwelle und den Geschoßknall hat anscheinend Unteroffizier G. Winter beobachtet, dessen Bericht lautet:

„Es war ein schöner, klarer Tag und der Himmel nur leicht bewölkt mit Cirruswolken. Einige Cumuluswolken hingen noch in der Luft in 2—3000 m. Eine Batterie leichter Feldhaubitzen stand schätzungsweise 250 m links seitwärts von mir. Rechts oben befand sich eine Cumuluswolke. Jedesmal, wenn nun ein einzelner Schuß abgefeuert wurde, konnte beobachtet werden, daß ein Luftwellensektor sich in Richtung Geschützstellung—Cumuluswolke über die Wolke hinwegbewegte und nach kurzer Zeit verschwand. Sofort darauf, nachdem die Wellenbewegung über der Wolke hinweg war, entstand eine Bewegung, die sich von der Wolke in entgegengesetzter Richtung entfernte. An der Wolke selbst konnte ich keine Veränderung wahrnehmen.

Ich möchte daher die Feststellung machen, daß die Wellenbewegung direkt in der klaren Luft sichtbar war und dadurch sichtbar wurde, daß durch die Eigenheit der Fortpflanzung der Schallwellen in der Luft die Luft ringförmig (wie bei der Wellenbewegung im Wasser) zusammengepreßt wurde und die Lichtstrahlen, die von den ferneren Cirruswolken ausgingen, verschieden gebrochen wurden und so vom Auge als Schlieren aufgenommen werden konnten."

Da der Einsender nichts von einem Einschlag der abgefeuerten Granaten schreibt, kann wohl eine Wellenbildung beim Einschlag außer Betracht bleiben. Auf einen Geschoßknall als Auslöser scheint mir auch die Bemerkung hinzuweisen, daß sofort nach der ersten, sichtlich von unten ausgelösten Welle eine „in entgegengesetzter Richtung" von oben nach unten gehende Welle beobachtet werden konnte. Daß auch keine Detonation einer Flakgranate als Ausgangspunkt gelten kann, geht aus der ausdrücklich betonten Zusammengehörigkeit der beiden Wellen hervor, die in dem Worte „jedesmal" ein zufälliges Zusammentreffen des Abschusses der Feldhaubitze mit einem Flakbeschuß ausschließt, zumal in dem recht klaren Bericht sicherlich ein nebenher laufender Flakbeschuß erwähnt worden wäre.

3. Flakgranatendetonation.

Die meisten der eingegangenen Beobachtungen befaßten sich mit den Ringwellen, die man bei Flakbeschuß von den Detonationsstellen ausgehen sieht. Man darf daraus nicht schließen, daß die krepierenden Flakgranaten beonders geeignet wären, solche Wellen hervorzurufen. Daß sie in den Berichten die Höchstzahl der Beobachtungen auf sich vereinen, liegt wohl nur daran, daß die Menschen dann nach dem Himmel schauen, wenn ein Fliegerbeschuß stattfindet.

Aus der Fülle der eingegangenen Meldungen seien nur wenige herausgegriffen.

Oberwachtmeister P. Hülser schreibt:

„Am 12. 9. 44 erlebte ich auf einer Urlaubsfahrt bei Worms den Flakbeschuß feindlicher Bombengeschwader. Die Verbände flogen in einer Höhe von ca. 4000—5000 m und ließen starke Kondensstreifen zurück. Es war gegen 11 Uhr vormittags, der Himmel war nur leicht bewölkt und klares sonniges Wetter.

Eine in der Nähe stehende Batterie befeuerte die vorüberfliegenden Verbände regelmäßig bis an die Grenze ihres Wirkungsbereiches. Dabei konnte ich feststellen, daß in einem bestimmten Sektor jedesmal nach dem Krepieren der Granaten sichtbare Schallwellen auftraten. Das Wellenband war meiner Schätzung nach drei- bis viermal breiter als die Länge der in der gleichen Höhe fliegenden Maschinen. Die Farbe war, bei dicken Wolken im Hintergrund, silberglänzend in dunkler Tönung, bei Kondens- oder Wolkenschleier durchsichtig. Die Wellen pflanzten sich ringförmig fort und konnten vom Ausgangspunkt aus bis zu 2 km gut beobachtet werden."

E. Ensheim berichtet:

„Noch als Soldat in Afrika weilend konnte ich an einem klaren wolkenlosen Tag beobachten: Ein feindlicher Aufklärer über unserem Abschnitte wurde von unserer schweren Flak beschossen. Von den krepierenden Granaten, die sich als weiße Bällchen am Himmel abzeichneten, ging genau wie man sich in der Phantasie Schallwellen vorstellen könnte, je eine mit großer Geschwindigkeit größer werdende Nebelwelle aus, die sich dann nach einigen Sekunden verlor....

Ich bin überzeugt, daß die in der im labilen Zustand der Luft sich radial fortbewegende Luftverdünnungswelle, die unmittelbar der Verdichtungswelle folgt, und der damit verbundene Temperaturabfall eine derartige Nebelwelle entstehen läßt. Die Kompression, durch den nachfolgenden normalen Luftdruck entstehend, erzeugt soviel Wärme, daß die kondensierten Wasserteilchen erneut absorbiert werden."

4. Einschläge von Granaten

Nach der Wellenbildung bei Explosion von Flakgranaten war die Entstehung solcher Wellen beim Aufschlag von Granaten selbstverständlich.

Wir können uns daher mit einigen wenigen Belegen begnügen.

Th. B a c h m e i e r berichtet:

„Zeit 7—8 Uhr morgens. Anfang September 1917. Wetter: Trüb, ziemlich dunstig; Kaliberschießen 21 cm Mörser und schwere Minen. Entfernung der Einschläge $3^1/_2$ bis 5 km. Ich stellte vollkommen einwandfrei bei jedem Einschlag fest, noch bevor ich die Detonation hören konnte, daß sich stets ein halbkreisförmiger Ring mit hoher Geschwindigkeit vom Ort des Einschlags entfernte. Die Welle entfernte sich sehr rasch vom Einschlag (Schallgeschwindigkeit?), war am Innenrand hell und außen gegen den Himmel dunkler, die 2. und 3. Welle, die nachfolgte, war jeweils wesentlich schwächer zu sehen...

Am stärksten war die Erscheinung zu sehen bis zu einer Höhe von etwa 1000 m, dann verlor sie sich im Raum oder Dunst...

Ich habe die Beobachtung öfter machen können bei nur schwersten Einschlägen und im freien Gelände, wenn auch nicht in der damaligen Deutlichkeit, die wohl durch das Wetter bedingt war."

Eine Kombination von Geschützabschüssen, Granateinschlägen und Bombenabwürfen von Stukas schildert Wachtmeister U. F l e m m i n g :

„Am 25. März 1944 wurde südwestlich von Narwa von uns in den Morgenstunden ein örtlicher Angriff durch starkes Trommelfeuer vorbereitet. Auch Stukas wurden eingesetzt. Ich bin bei der Artillerie und war zu der Zeit in der Feuerstellung. Es herrschte eine Temperatur von — 10 bis 15 Grad. Der Morgen war sehr klar, die Sonne gerade aufgegangen. Die weißen Wölkchen (es waren etwa 5—10) hatten vom Morgenrot rosa Ränder. Während des starken Feuers beobachtete ich, daß über diese Wölkchen ringförmige Schatten huschten. Sie kamen von allen Seiten und liefen über die Wolken hin. Es drängte sich mir sofort der Vergleich mit Wasserwellen auf, die entstehen, wenn man viele kleine Steine in stilles Wasser wirft. Da kommen die Wellen auch von allen Seiten, huschen fort und überschneiden sich...

Manche Wellen waren nur ganz dünn zu sehen, manche sehr stark. Die Einschläge der Stukabomben sind ja auch viel wuchtiger als die der kleineren Kaliber der Artillerie.

Diese Beobachtung konnte ich während des ganzen Trommelfeuers, etwa 10 bis 15 Minuten lang machen. Einige Zeit später, als wieder geschossen wurde, konnte ich dieselbe Beobachtung nicht mehr machen. Die Wolken hatten sich währenddessen auch verändert."

Assistenzarzt S t e i g n e r fügte seinem Bericht einige Angaben an, die uns bei der Darlegung der Entstehung der Wellen von Bedeutung sein werden:

„Es war am 5. 7. 43, als südlich von Orel unsere Einheiten in schwerem Artilleriekampf mit dem Gegner lagen. Ich befand mich als Abteilungsarzt mitten in unseren Feuerstellungen und konnte an diesem warmen sonnigen Julitage zwischen 9 und 11 Uhr vormittags dunkle Streifen am Himmel beobachten, die über die Wolken hinwegwanderten...

Schallquelle: Eine genügend starke Schallquelle bildeten die feuernden Geschütze bzw. die detonierenden Geschosse. Der Schall ging also vom Erdboden aus. Die feuernden Geschütze hatten ein Kaliber von 15 bis 20 cm. Die Schußfolge war in dieser Zeit vereinzelt.

Bewölkung: An dem sonst strahlend blauen Himmel standen vereinzelt weiße Haufenwolken nach meiner Schätzung in einer Höhe von 1000 bis 2000 m. Nach der Geschwindigkeit des Schalles zu urteilen, der drei bis sechs Sekunden brauchte, um über eine Wolke hinwegzuhuschen, war ihre Größe etwa ein bis zwei km.

Lichtquelle: Als Drittes schien mir die Sonne wichtig zu sein zum Sichtbarwerden des Schalls. Sie mußte anscheinend mit dem Beschauer und der Wolke in einer bestimmten Richtung und in einem bestimmten Winkel stehen, ähnlich wie beim Strahlengang beim Regenbogen. Denn ich hatte beim Beobachten die Sonne, welche in einer Höhe von etwa 30 bis 40 Grad stand, genau im Rücken. Der Winkel von mir zu den beobachteten Wolken betrug etwa 20 bis 40 Grad. Unter und über diesem Winkel waren an den Wolken keine Schallwellen sichtbar, bzw. verschwanden, ebenso 10 bis 20 Grad rechts und links von der Blickrichtung.

Die Streifen zogen wie dunkle Bänder mit großer Geschwindigkeit über die Wolken und waren nur auf diesen sichtbar, nicht am blauen Himmel. Sie waren teils breiter, teils schmäler, wohl je nach der Amplitude der Schallwelle, welche durch die Entfernung und durch die Stärke der Schallquelle bedingt ist. Auch wurden manchmal die Streifen von anderen gekreuzt und überschnitten. Die Streifen waren verschieden stark gekrümmt. Sie erschienen als Segmente von Kreisen mit verschiedenem Radius je nach der Entfernung der Schallquelle. Vor den Streifen ging ein heller Strich voraus und hinter ihnen folgte noch ein schmälerer nach. Nach 11 Uhr an jenem Tag und auch in der Folgezeit konnte ich die Erscheinung nicht mehr beobachten."

5. E i n s c h l ä g e v o n F l i e g e r b o m b e n.

Obergefreiter R. C h o r u s beschreibt die beim Einschlag von Stukabomben beobachteten Wellen:

„Es war im Jahre 1942, ein sonniger Herbsttag, als . . . von unseren Stukas bombardiert wurde. Wir sahen nach jedem Wurf ganz deutlich aufsteigende Wellen. Weder vorher noch nachher haben wir diese Wahrnehmung gemacht."

Stabsgefreiter A. P ü h r i n g e r, ein Studierender der Meteorologie, schreibt:

„Das erste Mal beobachtete ich im August 1942 an der Leningrader Front die Wellen. Es war am frühen Vormittag 7 bis 10 Uhr. Am westlichen Himmel stand eine große Cirrostratuswolke, die nicht horizontal lag, sondern fast senkrecht wie ein Vorhang herunterhing. Auf der leuchtend weißen Wolke sah man halbdunkle Striche, die in einem Winkel von etwa 30 bis 45 Grad zum Horizont lagen und sich ziemlich rasch parallel nach oben verschoben. Auch sah man parallele Kreisbögen, die sich erweiterten, ähnlich dem Wellenring, wenn man einen Stein ins Wasser wirft. Ich hatte bald des Rätsels Lösung gefunden. Der Bahnhof MGA wurde von russischen Flugzeugen bombardiert.

Die schrägen Striche traten immer nur dann auf, wenn Artillerie schoß. Die Striche bewegten sich schneller als die Kreisbögen.

Ich hatte später noch dreimal Gelegenheit, die Erscheinung zu beobachten und fand jedesmal bestätigt, daß Sonne, Beobachtungsort und Wolke in einer Geraden lagen."

A. B e g e r berichtet:

„. . . . sah ich, daß sich von der Einschlagstelle der Bomben aus kreisförmige Wellen bildeten . . . Ich befand mich etwa 10 bis 12 km von der Einschlagstelle entfernt und konnte somit den von mir erstmalig und einmalig beobachteten Vorgang genau verfolgen . . . Ich hatte den Eindruck, als ob mit jeder der gut am Himmel sichtbaren Wellen sich der Druck auf die Ohren verstärken würde."

Daß auch bei weniger explosiblen Bomben solche Wellen zu beobachten sind, hat uns der Bericht von A. Frh. von S t a c k l b e r g gelehrt, der in der vorangegangenen Mitteilung besprochen wurde.

6. E x p l o s i o n e n.

Es seien noch einige Beobachtungen von ähnlichen Wellen bei Explosionen angefügt.

H. v o n F i c k e r teilte mir mit:

„Ich habe ähnliche Beobachtungen während meiner Gefangenschaft gemacht. Im Sommer 1917 flogen bei Kasan an einem wolkenlosen, etwas dunstigen windstillen Augusttag 16 Munitionsschuppen eines großen Munitionswerkes in die Luft. Bei jeder Explosion beobachtete man in der Stadt im Zenith noch vor Eintreffen des Schalles den Durchzug eines silberglänzenden Streifens.

Die Reihenfolge der Beobachtungen war bei jeder Explosion: Explosionswolke am Explosionsherd; Durchzug der Explosionswelle im Zenith; einige Sekunden später Explosionsschall."

Oberlehrer F. Polster übersandte folgenden Bericht:

„Bei Sprengungen im Gebirge wurde die Beobachtung gemacht, daß unmittelbar nach der Detonation, die in etwa fünf km Entfernung erfolgte, über einem Schneefeld ein ringförmiger Lichtstreifen sichtbar wurde, der sich verbreiterte wie Wasserwellen nach Einschlag eines Steines. Die Beobachtungsbedingungen waren in der Höhenluft und bei dem tiefen Stand der Sonne über dem Schneefeld besonders günstig.“

Gefreiter A. Rönz meldet:

„Im Sommer 1943 (Ende August?) explodierte etwa 12 km von Stalino entfernt ein großes Munilager. Die Schläge folgten in kurzem zeitlichen Abstand in wechselnder Stärke ... Im Freien verspürte man ein Druckgefühl beim Eintreffen des Explosionsschalles.

Bei einem besonders starken Schlage, der einen riesigen Rauchpilz bewirkte, blickte ich zufällig nach dem Himmel, der teilweise von nicht allzu dichten, hellen, hohen Wolken bedeckt war. Die Wellen zeigten in diesem Augenblick das ähnliche Bild wie die Oberfläche eines Teiches, die durch einen hineingeworfenen Stein erschüttert wird. Trotz der sehr kurzen Beobachtungszeit war eine wellenartige Bewegung ganz deutlich festzustellen. Da mir die Erscheinung sehr auffällig war, habe ich etwa noch eine Stunde beobachtet, aber die folgenden Schläge waren verhältnismäßig schwächer, so daß sich die Erscheinung nicht wiederholte.“

Von besonderem Werte sind Berichte von Sprengungen, die nach einem vorgegebenen Plane angestellt wurden. Das war z. B. der Fall bei der Beobachtung von Dr. H. Weissig:

„Der Zeitpunkt der Sprengungen von Bomben (jedesmal 750 bis 1000 kg) war ungefähr bekannt, so daß wir mit größter Aufmerksamkeit auf die Detonationen warteten . . . 10 Sekunden nach dem Feuerschein und der in den ersten Sekunden sichtbaren Erscheinung (der Wellen) hörten wir dann die Detonation und spürten die gewaltige Lufterschütterung.“

Es ist ein Zeichen der relativen Seltenheit der Sichtbarkeit solcher Detonationswellen, daß bei den nach dem vorigen Kriege erfolgten Sprengungen von Munitionsbeständen keine Hinweise auf solche Druckwellen bekannt geworden sind. Die Sprengungen wurden zur Ermittlung der normalen und anormalen Hörbereiche ausgenutzt; es wurde aber anscheinend keine optische Feststellung als Nebenergebnis gemacht. Es mag auch sein, daß man die Wellen bei der Sprengung größerer Bestände nicht so gut zu schauen bekommt wie bei der gepunkteten Explosion einzelner Minen oder Granaten.

7. Stirnwellen von Flugzeugen.

Aus manchen Berichten geht eindeutig hervor. daß auch die Flugzeuge, insbesondere wenn sie im Verband fliegen, zu Bugwellen Anlaß geben, die gelegentlich sichtbar werden können, wie man in der Dunkelfeldbeleuchtung die Kopfwelle eines Geschosses sichtbar machen kann. Diese Kopfwelle begleitet das Flugzeug oder im Verband. Da diese Beobachtungen meines Wissens noch nicht beschrieben wurden, seien einige darauf hinweisende Berichte eingefügt.

Maschinenobermaat H. Abendroth meldet:

„Es war im August 1943, ein sehr heißer Sommertag; wir lagen gerade mit unserem Torpedoboot im Hafen und wurden von Fliegeralarm überrascht. Ungefähr 50 bis 70 Bomber konnte man im steilen Winkel vor uns zählen; die Flak schoß nicht. Wie aus einem Munde sagten wir: „Siehst du da die Wellen vor den vielen Bombern; es sah so aus, als wenn Hitze flimmert; man sah es aber nur einige Sekunden am wolkenlosen Himmel.“

Auf eine Rückfrage, ob nicht die Möglichkeit bestand, daß eine ferne Flak geschossen haben könnte, kam die Versicherung, daß das nicht der Fall war und wurde hinzugefügt: „Die Wellen waren nur an der Stirnseite des Bomberverbandes zu sehen; die Wellen waren eindeutig quer zur Flugrichtung.“

J. Dräger berichtet:

„Gegen Mittag waren schwere Kampfverbände in den mitteldeutschen Raum eingedrungen. Sie flogen viel tiefer wie sonst etwa über Leipzig, denn dort war keine Flak in der Nähe. Solche Massen hatte ich noch nie gesehen. Ein einziges Gedröhn war in der Luft. Der Himmel war vereinzelt dünn bewölkt, da nahm ich dieses eigenartige Phänomen wahr. Ich konnte beobachten, wie die Wellen gleichmäßig über mehrere Wolken fortlaufend (die Wolken waren manchmal in größerem Abstande voneinander entfernt) sichtbar wurden. Dies dauerte eine ganze Zeit an, solange die Masse der Feindmaschinen über mir ihren Kurs zog. Diese Beobachtung konnte ich schon machen, ehe ich das Krepieren von Flakgranaten sehen konnte. Außerdem befand sich die nächste Flak ungefähr 25 km von unserem Standorte entfernt.

Ich erhebe deshalb Bedenken gegen die Erklärung, daß dieses Sichtbarwerden der Schallwellen von krepierenden Flakgranaten herrührt. Meiner Ansicht nach konnte es nur von dem starken Motorengedröhne der vielen schweren Motoren kommen.“

Recht klar ist auch der Bericht von cand. ing. G. Hagedorn:

„Ähnliche Erscheinungen beobachtete ich am 9. 4. 44 mittags bei Einflügen starker nordamerikanischer Bomber- und Jagdverbände. Wetter: Klarer Himmel, wenig Höhendunst, Cirren vorhanden, aber nur strichweise, die langsam zunehmen. Ich beobachtete, wie vor den einzelnen Pulks, die in rund 5000 m über meinen Standpunkt hinwegflogen, eine schlierenhafte Bugwelle vorgeschoben wurde. Diese Welle wurde schätzungsweise 500 bis 1000 m vor dem Pulk vorausgeschoben.

Die Erscheinung war am intensivsten bei den Einflügen der Fernjäger, deren Bugwelle (so bezeichnete ich bisher meine Erscheinung) geisterhaft über die Dunstschicht vorauseilte.

Es mag sein, daß diese Beobachtung ganz aus dem Rahmen Ihrer Beobachtung fällt; denn Sie behandelten in Ihrem Aufsatz nur Erscheinungen dieser Art, hervorgerufen durch Abschüsse bezw. Detonation von Flakgranaten.

Aber schließlich ist es gleich; Schallwellen sind es auch bei meiner Beobachtung:“

H. Oster berichtet:

„Am 16. 8. 44 in den Mittagsstunden überflogen uns stärkere nordamerikanische Bomberverbände. Sie warfen weder Bomben ab, noch schoß die Flak, so daß außer dem Motorengeräusch nichts zu hören war.

Es war sehr heiß; an dem sonst fast wolkenlosen blauen Himmel schwamm eine langgestreckte schneeweiße Wolke. Die Bomber flogen dicht über dieser Wolke (scheinbar?). Mein Junge (Flakhelfer) schätzte die Flughöhe der Bomber auf etwa 5000 m . . . Plötzlich sahen wir senkrecht an den Flugzeugen quer über die ganze Wolke hin rauchgraue, zarte Streifen wandern, die sich schnell und in derselben Richtung wie die Flugzeuge fortbewegten. Wir konnten uns dieses Phänomen nicht erklären und stellten nur fest, es sähe aus wie Schallwellen, wie man sie aus Kulturfilmen und Büchern kennt.“

K. Preller schreibt:

„Am 24. 8. 44 mittags stand ich mit anderen Kameraden als Beobachter auf Platzwache; es war Fliegeralarm. Am Himmel waren große Scharen amerikanischer Flieger. Das Getöse war furchtbar; es war strahlender Sonnenschein, nur wenige Wolkenfetzen waren zu sehen. Ich hatte Blickrichtung gegen Norden, die Sonne also direkt hinter mir. Ich hatte zur besseren Beobachtung die Brille aufgesetzt. Da beginnt sich plötzlich die Luft zu bewegen; lauter kleine silbrige Wellen kamen von oben nach unten; ich dachte, die Brille liefe an, jedoch nach Reinigung dieselbe Erscheinung.

Ich betone, daß es nicht die häufig von den Fliegern abgeworfenen silbernen Streifen, sondern frei in der Luft herniederschwebende Wellen waren."

Unteroffizier A. Schmidt berichtet:

„Ich konnte feststellen, daß bei Annäherung eines Flugzeuges dasselbe als Schallsender eine kugelförmige Wellenbewegung als sichtbaren Schall vorausschickt. An der sich fortlaufend bewegenden Auswanderung der Kondenswellen konnte ich den Flugweg des Flugzeuges als Mittelpunkt der Kugel feststellen und die Maschine daher sehr schnell optisch orten, was unter normalen Umständen bei der Himmelsbläue sehr schwierig sein kann."

Aus der recht klaren Schilderung darf man folgern, daß keine Verwechselung mit der Bildung der gewohnten Kondensstreifen stattfand, die ja auch als Detektive von Flugzeugen ihre Bedeutung haben.

Auch Unteroffizier J. Schübel hat die von Flugzeugen ausgehenden Wellenbewegungen gesehen. Er berichtet:

„Die Wolken waren schätzungsweise 1 bis 1,5 km vom Boden entfernt. Die Flieger griffen einzeln und im Verband an und bei beiden Angriffsarten ließ sich die Erscheinung feststellen.

Schräg herunterstürzend griffen die Flugzeuge die Ortschaft . . . an. Noch ehe unser Ohr den vollen Lärm des beim Abfangen des Flugzeugs auf Hochtouren laufenden Motors wahrnehmen konnte, sahen wir am Wolkenhimmel etwa 1 km von den angreifenden Flugzeugen entfernt, halbkreisförmig sich ausbreitende Wellen, die alle nach Westen liefen. Dabei ist es eigenartig, daß wir die Ausbreitung immer nur nach Westen feststellen konnten, während nach Osten nichts zu beobachten war.

Diese Wellen konnten wir sehen, wenn oben ein Flugzeugverband vorbeiflog und auch wenn ein Flugzeug im Sturzflug angriff. Die Wellen traten immer in einiger Entfernung auf. Es war weit und breit keine Flak, und es schoß auch sonst kein Geschütz, so daß die Erscheinung mit den Flugzeugen zusammenhängen muß.

Die Erscheinung konnte nur so lange beobachtet werden, als Flieger angriffen und Verbände über uns flogen."

Feldwebel O. Straile schildert einen Luftkampf, bei dem also sicher, obwohl es nicht eigens erwähnt ist, kein Flakfeuer in Betracht kommen konnte:

„Wir standen am 24. 6. 44 in der Ortschaft Orscha zum Abmarsch bereit. Es war herrlicher Sonnenschein. Gegen 11 Uhr belästigten uns russische Tiefflieger und wurden in einen Luftkampf mit deutschen Jägern verwickelt. Die bei den Luftkämpfen geflogenen Kurven und Schleifen mit höchster Geschwindigkeit und entsprechend auffallend lautem Geräusch lenkte unsere Aufmerksamkeit besonders auf eine große cumulusähnliche Wolke. Wir entdeckten eine wellenförmige farblose Fortpflanzungsbewegung, ähnlich den Wasserwellen, die ein eingeworfener Stein in einem ruhigen See erzeugt. Genaue Beobachtung ergab folgendes: Das Geräusch des Motors eines Jägers, das Aufheulen bei größter Drehzahl wurde erst als wellenförmiges Phänomen in der Wolke sichtbar und danach in einem deutlich empfundenen Zeitabstand hörbar. Die Wellen waren nicht in der ganzen Wolke sichtbar, sondern nur in dem uns zu gelegenen Randgebiet. Es sah so aus, als ob ein Kreisausschnitt von einem unbekannten Mittelpunkt her auf uns zukäme und am Rand der Wolke endete. Die wellenförmige Bewegung war sehr deutlich lichtbrechend bei sehr starkem Motorengeräusch und etwas schwächer bei nachlassendem Geräusch. Von einem normal fliegenden Jäger, also dem üblichen Motorengeräusch, wurde keine sichtbare Wellenbewegung erzeugt. Mit dem Hinziehen des Luftkampfes in größere Entfernungen verschwand endlich die sichtbare Wellenbewegung."

Ganz eindeutig auf Flugzeugwirkung zurückzuführende Wellen beobachtete auch Feldwebel O. Niehe.

„Es war in den letzten Tagen des Mai 1943, als ein nordamerikanischer Verband viermotoriger Flugzeuge gegen Mittag in der Nähe von Neapel meinen Standort bei dem kleinen Städtchen Capua überflog. Es waren zwei Wellen von jedesmal etwa 90 Maschinen, die in schätzungsweise 6 bis 7000 m Höhe in der üblichen Keilform flogen. Der Himmel war wolkenlos, jedoch in Höhe der Maschinen war eine leichte Dunstschicht. Und hier zeigte sich dieses Naturschauspiel. Jeder Verband war von sichtbaren Schallwellen umgeben, die bis schätzungsweise 2000 m durch das Motorengeräusch ausgestrahlt wurden. Die Erscheinung war sehr gut sichtbar und fast bis zum Verschwinden des Verbandes am Horizont zu erkennen. Ich habe dieses später nie gesehen und brachte es schon damals mit bestimmten Luftverhältnissen in Verbindung."

Daß die Stirnwellen nicht dauernd die Flugzeuge begleiten oder sichtbar bleiben, geht aus einem Bericht von Lt. Mosbauer hervor:

„Um den fliegenden Verband haben sich plötzlich . . . kreisförmige Streifen gebildet, und zwar meist um und unter fliegenden Einheiten; zwei und mehr Ringe, im äußeren Ansehen, als ob es glitzern würde; die Verbände sind weitergeflogen, die Ringe zurückgeblieben und haben sich dann wieder verzogen. Die Ringe waren ziemlich groß, oft um mehrere Maschinen herum, sie können 200 bis 300 m Durchmesser gehabt haben (unsichere Schätzung); ein Fortschreiten wurde nicht gesehen; der Abstand der Ringe könnte ein bis zwei Fluglängen betragen haben."

Die Stirnwellen scheinen sich demnach gelegentlich von den erzeugenden Flugzeugen abzulösen, vielleicht bei Wendungen derselben und dann noch kurze Zeit sichtbar zu bleiben.

Diese Beispiele dürften genügen, um den Nachweis zu erhärten, daß nicht nur bei Detonationen, sondern auch bei anderen Verdichtungen der Luft und den synchron erfolgenden Verdünnungen sichtbare Wellen am Himmel entstehen. Ob der Motorenlärm dafür verantwortlich ist oder, was mir plausibler erscheint, die Kopfwellen nach Analogie der Geschoßbugwellen, kann hier außer Betracht bleiben. Die Bemerkung von O. Niehe, daß die Flieger in der üblichen Keilform flogen, erinnert an die Gepflogenheit mancher Zugvögel, im Verband die Keilform einzunehmen, da Impulse vom vorangehenden Vogel dem nachfolgenden nützen können.

Eine eindeutige Zuordnung der Wellen zu Stirnwellen ist in all den Fällen gegeben, in denen die Beobachter vom Mitgehen der Wellen mit dem Fliegerpulk berichten, deren Eigengeschwindigkeit bis dahin noch weit unter der Schallgeschwindigkeit gelegen war. Wenn einmal die Schallgeschwindigkeit überschritten werden sollte, können sich bei raschen Drehungen usw. Ablösungen nach Art des Geschoßknalles ergeben.

II. Schall- oder Druckwellen?

Vom physikalischen Geschehen aus tut man gut, die Erscheinung als ein Abbild der bei den Detonationen auftretenden Druckwellen anzusprechen. Ob man dabei auch einen Schalleindruck registrieren kann, ist für die Deutung des Vorgangs belanglos, nachdem wir wissen, daß die Aufnahmefähigkeit unseres Ohres eine Grenze in der Frequenz der Wellen findet. Ich hatte zwar in früheren Mitteilungen über diese Vorgänge am Himmel von sichtbaren Schallwellen gesprochen, aber schon in meinem vorangehenden Berichte die Überschrift weiter gefaßt „Sichtbare Druck- und Schallwellen". Schallwellen können mit dem Vorgang gekoppelt sein, müssen es aber nicht. Vielleicht sind gerade bei der Beobachtung des Vorgangs, der von einem Schwarm von Flugzeugen ausgelöst erscheint, die Motorengeräusche nur eine, wenn auch sehr eindrucksvolle Begleitmusik.

Wer aufmerksam den über seinem Haupte erfolgenden Vorüberflug eines Tieffliegers in einem der menschlichen Druckorgane verfolgt, wird sich der damit verbundenen D r u c k w e l l e n wohl erinnern. Man kann sie z. B. auch feststellen, wenn man das Überfliegen mit aufgespanntem Regenschirm beobachtet. Die vergrößerte Aufnahmefläche läßt die dabei stattfindenden Druckwellen unmittelbar mit der Hand fühlen.

Je weiter ab von einer Schallquelle wir uns befinden, treten ohnehin die kürzeren Wellen immer mehr zurück, wie man u. a. bei der Beobachtung ferner Luftschutzsirenen feststellen kann, deren Ton hörbar tiefer liegt, wenn eine fernere Sirene in Tätigkeit ist. Es ist recht eindrucksvoll, wenn die näherstehende Sirene schon zum Schweigen gebracht wird, während eine fernere noch in Tätigkeit ist, die Unterschiede der Tonhöhen wahrzunehmen. Auch beim Abhören der abschwellenden Sirene kann man die relative Lautstärke von höheren und tieferen Tönen erfahren wie beim Abzug einer Musikkapelle, von deren Konzert schließlich nur die Trommeln übrig zu bleiben scheinen.

Die mir vorliegenden Berichte sprechen überwiegend von Schallwellen; daraus ist aber keineswegs zu schließen, daß nicht die Druckwellen die Ursache der Luftwellen sind. Es liegen einige Berichte darüber vor, daß die Wellen sichtbar waren, aber kein Schall zu hören war.

Dr. G. V e n s k e z. B. berichtet:

„. . . . Die Detonationsknalle, die im übrigen nicht zu hören waren, dürften von Stuckaangriffen auf die Maginotlinie in Gegend Saaralben herrühren. Die Entfernung bis zum mutmaßlichen Zentrum der Detonationen betrug etwa 20 bis 30 km."

E. Z e t z s c h e schreibt:

„. . . plötzlich erscheinen ganz eigenartige Wellenbewegungen . . . Man hatte das Gefühl, als ob eine dünne Wasserschicht fließen würde. Ich dachte, es könnte auch heiße Luft sein, wie man es an besonders heißen Tagen beobachten kann. Man sagt dann: die Luft flimmert. Zur Zeit der Luftbewegung war keine Flak und kein Bombeneinschlag zu hören."

Für die Nichthörbarkeit des Vorgangs gibt es mehrere Möglichkeiten: Es kann die Lautstärke unter der für das betreffende Ohr gegebenen Schwelle gewesen sein; es kann die Frequenz unter der Hörbarkeitsgrenze gelegen haben; es ist auch möglich, daß der Schall in anormaler Ausbreitung den Beobachter nicht erreicht hat (Schallschatten), während er die über ihm oder besser gesagt außerhalb seines Hörraums vor sich gehenden Wellenbewegungen sehen konnte.

Aus einer Schilderung von R. B l a u e r t entnehme ich einen Abschnitt, der zeigt, wie weit aus der Ferne die Wellen gelegentlich zu sehen sind:

„. . . Als die Kondensstreifen sich bereits stark verbreitert hatten, sah ich plötzlich eine wellenartige Bewegung quer über die Streifen laufen . . . . Da es sich um zwei Wellenstöße handelte, so sind es wahrscheinlich ein zweifacher Bombenwurf oder ein zweifacher Artillerieeinschlag schweren Kalibers (Schiffsartillerie) gewesen. Ich selbst habe keine Donnergeräusche vernommen. Nach dem zu schätzenden Mittelpunkt der Wellenkreise konnten die Detonationen im Kampfraum von Nettuno erfolgt sein. Von uns aus lag ein Gebirge dazwischen. Dieses Gebirge mag die Wellen hauptsächlich nach oben abgeleitet haben, da ich, wie schon einmal betont, keinen Donner vernommen habe."

Auch aus diesen Gründen empfiehlt es sich, von Druckwellen statt von Schallwellen zu sprechen. Manche Beobachter glaubten daraus, daß sie die Wellen früher sahen als hörten, schließen zu müssen, daß die Druckwellen rascher gingen, als die Schallwellen. Das erübrigt sich aber, wenn man daran denkt, daß das optische Bild bereits am Orte der Entstehung der Wellen oder bald hernach gesichtet werden kann, während die auf uns herabkommenden Druckwellen hierzu Zeit brauchen.

Es liegen dagegen so viele Zeugen dafür vor, daß man mit dem Eintreffen der sichtbaren Wellen beim Beobachter auch einen Schall gehört habe, daß kein Grund zur Annahme einer verschiedenen Ausbreitungsgeschwindigkeit von Druck- und Schallwellen besteht. Das scheint nach manchen Erfahrungen nur unmittelbar an der Explosionsstelle der Fall zu sein. Schon in geringem Abstande ist auch die Geschwindigkeit der Druckwellen die gleiche wie die der Schallwellen, die gewissermaßen Obertöne zu den Explosionswellen darstellen.

Ob man in einem einzelnen Falle die beobachteten Wellen der einen oder anderen Gruppe zuteilen will, ist für den Vorgang belanglos. Eine Entscheidung könnte nur die Ermittlung der W e l l e n l ä n g e ergeben, über die aber nur Schätzungen vorliegen. Die Erscheinung kommt so unerwartet und ist von so kurzer Dauer, daß man kaum eine Meßmethode zur Hand haben wird. Es mögen aber auch für diese Frage einige Berichte herangezogen werden.

In einem beim Chef des Wetterdienstes eingegangenen Bericht heißt es:

„. . . . Es wurde beobachtet, daß über diese Kondenswolke scharf abgezeichnete Schattenstreifen mit etwa 50 m Zwischenraum und schätzungsweise doppelter Fluggeschwindigkeit liefen. Dies dauerte etwa vier bis sechs Sekunden und wiederholte sich mit je ungefähr fünf Minuten Abstand insgesamt noch dreimal."

Auch E. D i t z u l e i t gibt in seinem Bericht als geschätzte Wellenlänge 50 m an; er fügt noch eine Bemerkung hinzu, die ich zur Charakterisierung der Aufmerksamkeit des Beobachters anfügen möchte:

„. . . Mit Fortschreiten der Schallwellen war aber kein Flacher- oder Steilerwerden der Intervalle verbunden, wie es bei einem Steinwurf ins Wasser beobachtet wird, wo Wellenberg und Wellental nach außen flacher und die Ringe größer im Abstande werden . . ."

Von einem Schüler des Physikers S c h ü t z der Universität Königsberg wird berichtet:

„. . . Mit einem Doppelglas hatte ich die Fortpflanzungsgeschwindigkeit der Wellen im „Strich" gemessen und konnte die Geschwindigkeit zu etwa 300 m/sec. errechnen. Die Wellenlänge betrug ungefähr 30 m."

In dieselbe Größenordnung weisen auch Beobachtungen von P. H ü l s e r, der zugleich die Grundlage seiner Schätzung mitteilte, die Nachahmung verdient. „Das Wellenband war 3—4 mal breiter als die Länge der in gleicher Höhe fliegenden Maschinen." Manche Beobachter zogen andere Vergleichsmaßstäbe heran, die aber dann versagen, wenn man nicht genau über die Höhenlage der Wellen unterrichtet ist, was die Regel sein wird, da sie mit dem Fortschreiten der Wellen wechselt. Darum ist mit Angaben wie 1 bis 4 Mondbreiten oder Breite eines Regenbogens wenig gedient.

Es ist anzunehmen, daß es recht verschiedene Wellenlängen geben wird; die vorliegenden Schätzungen habe ich hauptsächlich darum mitgeteilt, weil aus ihnen Frequenzen von etwa 5—10 Schwingungen pro Sekunde zu folgern sind, d. h. Schwingungen unter der Hörbarkeitsgrenze. Vielleicht findet die relative Seltenheit der Wellenbeobachtung darin eine Teilerklärung, daß sie im allgemeinen zu kurz sind, um von unserem Auge erkannt zu werden. Dafür stellt sich dann ein allgemeines Flimmern der Atmosphäre ein, wovon mehrere Beobachter sprechen.

In diesem Zusammenhange ist auch auf die Dauer der Erscheinung zu verweisen, die im allgemeinen mit dem Hinauseilen des Wellenzugs auch beendet ist. Ich möchte aber nicht versäumen, einem Beobachter das Wort zu geben, der ausdrücklich von länger anhaltenden Bewegungen in der Luft berichtet.

Feldwebel H. Bungter schreibt:

„. . . . Ich stand am Land des finnischen Meerbusens und beobachtete Feindflieger, die über Nacht von unserer Flak beschossen wurden. Das Wetter war sonnig und leicht bewölkt (Federwolken). Ich erblickte nach dem Flakbeschuß noch lange Zeit nachher (etwa 1/4 Stunde) wellenartige Bewegungen der Luft, die teils schwächer waren, teils stärker, in einer Höhe von etwa 4000 m. Ich nahm zuerst an, es sei eine Rückspiegelung des Meeres, aber es war vollkommen windstill und das Meer hatte nur ganz leichten Wellengang, der in keinem Verhältnis zu den großen Wellenbewegungen in der Luft stand; auch waren die Luftbewegungen nicht über dem Wasser, sondern über dem Lande zu sehen."

Da es unwahrscheinlich ist, daß die Luft noch nach so langer Zeit ihre Flimmerbewegung beibehalten hat, wird man wohl lieber schließen, daß es sich um Wellen sehr ferner Detonationsstellen gehandelt haben könnte.

Das führt auf die Frage, auf welche Entfernung von den Sprengherden solche Wellen beobachtet wurden, worüber das vorliegende Material auch einige Angaben enthält.

Dr. Schubert berichtet:

„. . . . Die Streifen waren in vier bis sechs Wellen zu sehen, von Streifen aus anderer Richtung ungestört überlaufen. Gleichzeitig waren an zwei Stellen in 15 bis 20 km Entfernung die Sprengwolken von Flakgranaten zu sehen und ihre Detonation zu hören. Sie waren der Mittelpunkt der am Himmel durch Schlieren sichtbar gewordenen Schallwellen."

Auf die von Venske geschätzte Entfernung von 20—30 km wurde schon hingewiesen. Von Weiß liegt die Angabe von 12 km Entfernung von den Bombeneinschlägen vor.

Aus den Meldungen von sichtbaren, aber nicht hörbaren Wellen wird ein Teil auf Detonationen zurückgehen, die außerhalb der normalen Hörbarkeit gelegen waren, also jenseits von etwa 30 km.

Die weiteste Entfernung in den mir vorliegenden Berichten ist die von G. Horney angegebene: Er beobachtete an der Wetterwarte Kaufbeuren die Wellen, die beim Bombenabwurf auf Augsburg entstanden und fügte an, daß sie sehr schnell in Richtung auf die Alpen über ihn hinwegliefen, demnach in einer Mindestentfernung von 60 bis 70 km von der Detonationsstelle noch gut sichtbar waren (Kaufbeuren—Augsburg 60 km).

III. Die Bedeutung der Wolken.

Seit den ersten Berichten über die am Himmel sichtbaren Wellen, die an Wolken angestellt waren, sind auch Beobachtungen auf wolkenlosem Himmel gemacht worden. Die Zahl der Meldungen von Beobachtungen auf Wolken ist weit größer als die von solchen auf blauem Himmel. Das darf aber nicht dazu verleiten, die Entstehung auf Wolken als das normale anzusehen. Man muß berücksichtigen, daß viele Leute erst dann aufmerksam zum Himmel schauen, wenn Flieger ihre Kondensfahnen schreiben. Das kommt in den Berichten deutlich zum Ausdruck, die in sehr großer Zahl die Sichtbarkeit auf Kondensfahnen hervorgehoben.

Es liegen Meldungen vor: Sichtbarkeit nur auf Wolken, Sichtbarkeit auf blauem Himmel und Sichtbarkeit gleichzeitig auf Wolken und auf blauem Himmel.

Nach Durchsicht aller Meldungen habe ich den Eindruck gewonnen, daß die Wellen zwar grundsätzlich auch bei Abwesenheit von Wolken sichtbar werden können, daß aber ihre Sichtbarkeit erleichtert wird, wenn die Wellenbewegung über eine Wolke hinwegschreitet. Dabei scheint die Wolkenart eine maßgebliche Rolle zu spielen; z. B. berichtet K. Otto:

„. . . . Es war das eigentümliche, daß diese Wellen nur auf den künstlichen Wolken (Kondensfahnen) zu sehen waren; entweder waren die natürlichen Wolken zu hoch, was ich aber nicht glaube, weil sie dann nur als Cirruswolken erschienen wären; meine Mutmaßung ist, daß die Kondenswolken ein festeres Gefüge darstellten, um diese Wellen zu übertragen."

Nach unseren meteorologischen Erfahrungen dürfte es umgekehrt sein: Daß die am Himmel schon vorhandenen Wolken weniger angriffsfähig waren als die frisch gebildeten, zarten Kondensfahnen. Man kennt die Anfälligkeit soeben entstandener Wolken, die oft rasch wieder in ihre Umgebung verdampfen und hat sich noch immer gewundert über das tagelange Bestehen älterer Wolken, die dann im Dampfgleichgewicht mit dem umgebenden Raume stehen, das bei der soeben geborenen Wolke noch nicht hergestellt ist.

Daß eine gewisse Labilität der Wolken das Auftreten der Wellen erleichtert, kann aus einem Bericht von E. Mackedanz entnommen werden:

„. . . . Weiße Haufenwolken mit überlegtem Nebelschleier und durchscheinender Sonne . . . Gleich nach dem Krepieren der Flakgranaten lösten sich die weißen Haufenwolken ziemlich schnell auf, an deren Stelle sich ein mitteldichter Nebel setzte . . . über diesen breiteten sich die Schallwellen aus."

Wie günstig labile Wolken für den Vorgang sind, geht auch aus dem Berichte des Meteorologen Dr. M. Classen hervor:

„. . . . Ich beobachtete dünne, fast durchsichtige acu-Schollen, die sich in regelmäßigen Zeitabständen wieder auflösten und neu entstanden und so den Blick auf etwas höher gelegene stark verbreiterte Kondensstreifen wechselnd verdeckten und wieder freigaben . . . . Plötzlich sah ich über diese dünnen Schollen dunkle, schwach gekrümmte äquidistante Streifen mit hoher Geschwindigkeit hinwegeilen."

Auf solche Zusammenhänge weisen eine Reihe von Berichten hin. Unteroffizier F. Kattentidt berichtet:

„. . . . Der Himmel war klar und wolkenlos bis auf einen ganz geringen Dunstschleier."

W. Stüber schreibt:

„Man sah die Wellen aber nur an den Wolken (Höhe schätzungsweise 4000 bis 6000 m); zwischen den Kreisen sah es aus, als wenn feiner Nebel durcheinander quirlt."

Recht aufschlußreich ist auch eine Bemerkung von W. Friedrich:

„. . . Ich bemerkte auf einer leichten, fast durchscheinenden, flachen grauweißen Wolke — ich hielt sie für einen in die Breite gegangenen Kondensstreifen eines Feindfliegers — ein sich nach oben bewegendes über die Wolke hinziehendes Schattengitterwerk . . . Merkwürdigerweise zeigte sich die Erscheinung auf einer in der Nähe der Kondensstreifenwolke ziehenden weißen Haufenwolke nicht."

Dr. F. Heitmann beobachtete:

„. . . bei einem Luftangriff auf Hamburg mit heftigem Flakbeschuß zunächst ein starkes Flimmern in der Luft. Es war Sonnenschein und nur leichte Wolkenschleier — durchsichtig am Himmel . . . Ich möchte noch erwähnen, daß sich zu derselben Zeit ein Regenbogen ringförmig um die Sonne legte. Ich bringe diese Erscheinung nicht in Beziehung mit den Schallwellen als Folge des Flakbeschusses. Die Schallwellen traten auch nicht in dem Wolkenschleier, in dem sich der Regenbogen bildete, auf, vielmehr hatte ich den Eindruck, daß der Wolkenschleier, in dem sich der Regenbogen bildete, höher lag als der Wolkenschleier, in dem sich die Schallwellen abzeichneten."

Das ist ein wichtiger Beitrag. Wir gehen wohl nicht fehl in der Annahme, daß es sich um einen Sonnenring gehandelt hat, der in einem höher liegenden Cirrusgebilde entstand, wollen aber ausdrücklich anmerken, daß auf ihm die Wellen nicht hervortreten, wohl aber in der tiefer gelegenen, eben erst gebildeten Schleierwolke.

E. Willand schreibt:

„. . . Bewölkung keine, klarer blauer Himmel. Da es in der Nacht zuvor leicht geregnet hatte, so war in der Luft (in der Höhe von ungefähr 1000 bis 2000 m) ein kaum wahrzunehmender Dunst. Diese kaum sichtbare Dunstschicht war es auch, in der man klar und deutlich die sich ringförmig fortpflanzenden Schallwellen sehr gut sichtbar beobachten konnte . . . Es war ganz auffällig, daß die Wellen nur in einer gewissen Höhenlage zu sehen waren."

Die Beschänkung auf bestimmte Höhenlagen kehrte auch in anderen Berichten wieder, woraus auf eine Mitbeteiligung von Wasserdampf zu schließen ist, der nur schichtweise vorhanden zu sein pflegt.

Die Höhenlage der Wolke scheint bedeutungslos zu sein, da Beobachtungen aus allen Höhenlagen vorliegen. Wenn auch hochliegende Wolken sichtlich bevorzugt sind, fehlt es nicht an Beobachtungen auch an tiefer gelegenen Gebilden.

K. Trettner bringt folgenden Beitrag:

„. . . und an Nebelfetzen, die von einer vernebelten Anlage hochgetrieben wurden, konnte ich die Erscheinung feststellen."

Wichtiger als die Höhenlage der Wolken scheint ihr thermodynamischer Zustand zu sein, der ihr Mitgehen mit den Druckwellen erleichtert. Daraus erklärt sich auch die Feststellung, daß die Wellen in einem bestimmten Wolkenschleier zu sehen waren, in einer darüber oder darunter befindlichen Wolke vergeblich gesucht wurden.

F. Schirmer schreibt:

„. . . Es war blauer Himmel mit wenigen weißen Wolken . . . In Zeitabständen von einigen Minuten zeigten sich an einer in Richtung auf den Beschuß stehenden weißen Wolke von recht geringer Dichte, allerdings nur an dieser, über sie hinwegzitternde Wellenbewegungen in dunklen nicht vollständigen Ringen . . . Mir fiel auf, daß die Erscheinung sich nur an dieser einen zarteren Wolke zeigte."

Die Beschränkung auf einzelne Schichten der Atmosphäre läßt es auch verstehen, daß nur selten eine volle Kugel- oder Kreiswelle zu sehen ist und viel häufiger von Streifen gesprochen wird, die am Himmel erschienen. Reaktionsbereite Schichten pflegen räumlich begrenzt zu sein, so daß man nur Teilstücke der Kugelwelle zu sehen bekommt.

Man kann sich des Eindrucks nicht erwehren, daß die Wellen zwar auch auf wolkenlosem Himmel stehen, aber besser dort sichtbar werden, wo sie einen Wolkenschleier vorfinden. Das kann zweierlei Gründe haben: a) der Wolkenschleier erleichtert die Sichtbarkeit der Luftschlieren. Daß dieselbe einer gewissen Unterstützung bedarf, möchte daraus zu schließen sein, daß die Wellen viel seltener gesichtet werden. als geschossen wird. Recht aufschlußreich ist hierüber ein Bericht von H. Müller:

„. . . Vollkommen klares Wetter; am Himmel in etwa 4 bis 6000 m verstreut einzelne längliche Haufenwolken. Eine dieser Wolken war an der uns zugekehrten Seite durch die Sonne eigentümlich stark bestrahlt . . . Und nun konnten wir beobachten, daß in unregelmäßigen Abständen Wellen vor der bestrahlten Wolke vorbeijagten. Ich betone extra vor der bestrahlten Wolke, denn bei den wenigen anderen Wolken konnten wir die Wahrnehmung nicht machen. Außerdem hörte die Erscheinung mit dem Momente auf, als die Bestrahlung der Wolke wegfiel."

Solche Beobachtungen weisen darauf hin, daß nicht nur Wolken als Projektionshintergrund erwünscht sind, sondern daß auch noch besondere Beleuchtungsverhältnisse gegeben sein müssen, um die wenig kontrastscharfen Wellen unserem Auge bemerklich zu machen.

b) Die Wolken spielen bei der Entstehung der sichtbaren Wellen mit; das wird dann der Fall sein, wenn sie mit Strukturänderungen auf die Druckwellen ansprechen. Auf die Art derselben wird in dem Abschnitte über die Theorie der Wellen einzugehen sein. Daß die Wolken nicht etwa nur als Projektionswand wirken, auf der man die Wellen besser zu sehen bekommt als auf blauem Himmel, geht aus den Berichten hervor, die ausdrücklich erwähnen, daß die Wellen nicht auf allen gleichzeitig vorhandenen Wolken zu sehen waren. Man sollte meinen, daß dichtere Wolken ein besserer Projektionsschirm wären, aber fast alle Beobachter, die auf diese Frage eingehen, betonen, daß dünne Schleierwolken die Wellen zeigten, die auf benachbarten dichteren Wolken vergeblich gesucht wurden.

Auch Dr. F. Heitmann macht darauf aufmerksam, daß nicht auf jeder vorhandenen Wolke die Wellen zu sehen sind.

In der Meldung eines Fliegerhorstes ist zu lesen: „Eigenartig war bei dieser Erscheinung, daß sie nur bei einer Wolke auftrat, obwohl eine ganze Reihe von Wolken den Himmel bedeckten."

Daß dünne Wolkenschleier die Wellen leichter zeigen, geht auch aus dem Bericht von J. Bordenwieck hervor:

„. . . Wir beobachteten, wie dunkle Wellen über eine in etwa 500 bis 600 m Höhe stehende dünne Wolkendecke —

oder besser gesagt Dunstschicht hinwegliefen ... Die Luft war dunstig, die Sonne konnte die etwas kompaktere, eben erwähnte Dunstschicht, gerade durchdringen . . . Interessant war ferner zu beobachten, daß ein Flugzeug, das gerade in die dichtere Dunstschicht einflog, eine dunkle, dunstfreie Bahn in ihr hinterließ, die lange Zeit bestehen blieb und erst langsam die Dichte der übrigen Schicht wieder annahm."

Aus der letzten Bemerkung wollen wir anmerken, daß offensichtlich eine gewisse Labilität einer Wolkenschicht das Auftreten der Wellen begünstigt. Das erinnert an andere Beobachtungen, wonach die Wolken in statu nascendi anfälliger sind als ältere Gebilde. Es scheint auch eine gewisse Vorbereitung der Wolken dazu zu gehören, wie einem Berichte von K. Krachler zu entnehmen ist, der die Wellen auf den von den Fliegern hinterlassenen Kondensfahnen sah, aber beifügte, daß er „sie erst etwa 20 Minuten nach dem Einflug der ersten Flieger zu sehen bekam".

Es liegen auch Beobachtungen vor, die eine durch die Wellen ausgelöste Kondensation annehmen lassen. Es berichtet z. B. P. Jahn:

„. . . Mittags 13,27 bei völlig wolkenlosem, hellblauen Himmel war plötzlich ein Gebilde von schneeweißen Ringen am Himmel zu sehen."

Gewicht möchte auf den Hinweis gelegt werden, daß der Himmel zwar wolkenlos, aber hellblau war. Daraus darf auf feinste Dunsttrübung geschlossen werden, die durch die sie durchschreitende Wellenbildung zu weitergehender Kondensation gebracht wurde. so daß von schneeweißen Ringen berichtet werden konnte. Dadurch gewinnt auch die so häufige Angabe, daß die Wellen nur auf dünnen Wolkenschleiern zu sehen waren, eine einfache Erklärung: Die etwaigen Veränderungen, die an massigeren älteren Wolken auftreten, heben sich zu wenig von dem gleichmäßig weißen Hintergrunde ab, während die Veränderungen, die an einem Dunstschleier erfolgen, kontraststark genug sind, um vom Auge wahrgenommen zu werden.

IV. Erklärungsversuche.

1. Thermodynamische Theorie.

Die ersten Beobachtungen der am Himmel gelegentlich sichtbaren Wellen bei Detonationen wurden an Wolken angestellt. Es lag daher nahe, ihre Entstehung als an Wolken gebunden anzusehen. Von diesen Gedanken war S. Finsterwalder geleitet, der in seiner Erklärung rhythmische Verstärkungen und Abschwächungen innerhalb der Wolken nach Maßgabe der Verdünnungen und Verdichtungen der Luft in den Detonationswellen annahm[1]). Die mit den adiabatischen Druckänderungen einhergehenden Wärmetönungen vergrößern die Wolkenbausteine in den Verdünnungen und verringern sie in den Verdichtungsstadien.

In diese Richtung weist ein Bericht von E. Enslein:

„Von den krepierenden Granaten, die sich als weiße Bällchen am Himmel abzeichneten, ging genau wie man sich in der Phantasie Schallwellen vorstellen könnte, je eine mit großer Geschwindigkeit größer werdende Nebelwelle aus, die sich nach einigen Sekunden verlor . . . Ich bin überzeugt, daß die in der im labilen Zustand der Luft radial sich fortbewegende Luftverdünnungswelle und der damit verbundene Temperaturabfall eine Nebelwelle entstehen läßt. Die Kompression, durch den nachfolgenden normalen Luftdruck entstehend, erzeugt so viel Wärme, daß die kondensierten Wasserteilchen erneut absorbiert werden."

Daß solche rhythmischen Größenschwankungen eintreten, darauf weist einmal die Tatsache hin, daß die Wellen besonders häufig und gut an dünnen Wolkenschleiern gesichtet werden, die eine solche Änderung der Korngröße viel leichter erkennen lassen als dichtere Wolken, in denen die hintereinander stehenden Schichten, wenn sie nicht ganz homogen sind, einander Konkurrenz machen. Es scheint auch, daß das Alter einer Wolke eine Rolle spielt, indem junge Gebilde, die eben erst das Kondensationsstadium überschritten haben, auch leichter wieder rückgebildet werden können.

Die gelegentlichen Einwände gegen die thermodynamische Auffassung, daß es doch unwahrscheinlich sei, daß eine Wolke auf so kurze Impulse mit einer Änderung ihrer Bausteine ansprechen würde, sind nicht zwingend, da durch die Versuche von H. Mache nachgewiesen wurde[1]), daß ein Nebel auch noch bei wesentlich höheren Schwingungszahlen mit Auflösung und Wiedererscheinen antwortet. Auch die Berechnungen der Verdampfungsgeschwindigkeit von Nebeln, die W. Findeisen angestellt hat[2]), sprechen durchaus für die Möglichkeit der Einwirkung von Druckwellen auf das Aerosol.

Daß mit dem Durchgang von Detonationswellen rhythmische Änderungen der Teilchengröße eines Nebels verbunden sein können, wird auch durch die gelegentliche, wenn auch seltene Beobachtung von Farben auf den Wolkenschleiern nahegelegt. In einer der vorangehenden Mitteilungen über die Druckwellen wurde über eine diesbezügliche Beobachtung von K. Kautsky berichtet[3]). Eine weitere ganz ähnliche Beobachtung hat E. Deertz gegeben, die ihre gleichlautende Erklärung durch Becker (l. c.) gefunden hat.

Aus dem nun vorliegenden neueren Beobachtungsmaterial seien einige Auszüge angefügt:

E. Mackedanz berichtet:

„. . . . In einiger Entfernung vom Schallentstehungspunkt stand eine aufgelockerte Haufenwolke, welche nach dem Aufnehmen der Wellen die bekannten Spektralfarben zeigte. Hier möchte ich besonders betonen, nicht zu verwechseln mit dem Regenbogen, denn in diesem Falle waren sie sehr scharf ausgeprägt und bedeutend enger gestaltet... Die Konstitution dieses Spektrums zeigte Rot nach dem Entstehungspunkte und Violett nach der Sonne hin."

Es trat demnach beim Vorübergang der Wellen Irisieren ein. Ein weiterer Bericht von E. Ditzuleit sagt:

„. . . . Eine ganz eigenartige Lichterscheinung stellte sich während der Beschießung ein. Große Teile von Wolken nahmen stark leuchtende Farben an, davon eine Wolke direkt über mir, deren eine Hälfte rein weiß, die andere in intensivstes Regenbogenlicht getaucht war . . . . die Farben zogen mit der Wolke, dabei langsam die Farben wechselnd, reines Gelb bis klares Violett, dazwischen ein blauer Tupfen . . . Die Erscheinung war zu sehen, und zwar immer an zwei oder drei Wolken, die räumlich weit auseinander lagen, aber wohl in einer bestimmten Höhe angeordnet waren (Cumuli-Strati). Die Cirren zeigten das Bild nicht."

[1]) Siehe Schmauß, A. Met. Z. *35*, 184, 1918.

[1]) H. Mache, Met. Z. *56*, 453, 1939.
[2]) W. Findeisen, Met. Z. *56*, 453, 1939.
[3]) A. Schmauß, Met. Z. *61*, 133, 1944.

F. Flohr schreibt:

„Beim Eintreten in die Wolken waren diese Wellen nur schwach, in der Mitte der Wolken nahmen sie an Stärke zu und beim Austreten wurden sie wieder schwächer. Dabei zeigte sich am Ende der Wolken eine leichte Regenbogenfärbung."

R. Jakob berichtet:

„. . . . Es war blauer Himmel mit einzelnen weißen Wolken über dem Angriffsgebiet. Unser ganzes Augenmerk war nun auf die Stuka gerichtet; da sahen wir auf einmal, wie sich eine Wolke nach der anderen aschgelb färbte . . . Nachdem die Wellen fort waren, färbten sich die Wolken nach kurzer Zeit auch wieder weiß."

Es ist besonderer Wert auf solche Beobachtungen zu legen, aus denen zu entnehmen ist, daß nicht etwa zufälliges Irisieren vorlag, das man fälschlicherweise mit den Wellen in Zusammenhang gebracht habe.

A. Ludwig macht Angaben über verschiedene Farben bei verschiedenen Detonationen.

„. . . . An einer offenen Wolkenstelle sahen wir auf einmal milchig weiße Streifen gitterförmig schnell am Himmel hingleiten . . . Nun kam aber etwas hinzu. Einige Male kam quer zu den Wellengittern ein Strahl in gleicher Breite, aber lichter im Farbton und etwas gelblicher."

E. Netlitz schreibt von „silbriger Farbe, grau, vielleicht auch regenbogenfarben". K. Spranger berichtet: „Auf der weißen Wolke färbten sich die Wellen nun in Regenbogenfarben."

Etwas ausführlicher berichtet darüber G. von Schaller:

„. . . . Der Himmel stand voll hoher und weißer Flöckchenwolken, die die Mittagssonne beschien. Da waren plötzlich den ganzen Himmel entlang, in ungeheuren Bogen auf uns zukommend, riesige Wellen zu bemerken . . . Noch nie habe ich ein solch rätselhaft-großartiges Schauspiel in der Natur gesehen, das an Schönheit sogar noch zunahm, als die geradewegs in ungeheuren Höhen auf uns zuflüchtenden Wellen die Farben des Regenbogens annahmen."

Ausdrücklich erwähnt auch J. Schneider, daß „diese Streifen eine schwache Regenbogenfarbe" hatten. Ebenso berichtet E. Roos, daß „die Wellen gar manchmal etwas bunt in verschiedenen Farben erschienen". Einschlägig ist auch eine Beobachtung von H. Strobel, daß „bei warmem Wetter die Geschoßflugbahn von einer Art von Kondensationsstreifen gekennzeichnet wird".

Eine wichtige Beobachtung fügte K. Schmidt seinem Berichte bei:

„Während der Schlacht von Verdun 1916 konnte ich öfters beobachten, daß nach Abschuß eines 42 cm Mörsers, bei bedecktem Himmel, auf kurze Zeit Sprühregen einsetzte."

Es soll hier unerörtert bleiben, ob es sich dabei um einen thermodynamischen Vorgang handelt oder ob vielleicht eine mechanische Koagulation vorliegt.

Über das Tempo der Auflösung oder Minderung des Durchmessers von Wolkentröpfchen und ihr Wiedererscheinen urteilen wir zuversichtlicher an Hand gar vieler Beobachtungen. Es findet sich bei J. M. Pernter und F. M. Exner in dem Abschnitt über das Irisieren der Wolken der Hinweis auf eine Hypothese von G. C. Simpson[1]), daß bei Wogenwolken die Tropfengröße von Ort zu Ort kontinuierlich veränderlich ist. Es sollen die Ci-Cu-Wolken, die häufig irisieren, Wogenwolken sein und in ihnen die größten Tropfen im Kamm der Wolke gebildet werden, wo die Abkühlung und Kondensation am stärksten ist.

[1]) Meteorol. Optik, 2. Aufl. 1922.

Auf eine thermodynamische Auflösung von Wolkentröpfchen weisen auch die Beobachtungen hin, die mehrmals erwähnt wurden, wonach „ein Fortschreiten der Ringe nicht gesehen wurde". Das erinnert an die Freilegung eines Streifens in einer Dunstschicht durch ein Flugzeug, die auch noch eine Weile anzuhalten pflegt. Der dunkle Ring, entsprechend der Kompressionswelle, wurde anscheinend durch die darauffolgende Expansionswelle nicht wieder geschlossen und verlor den Zusammenhalt mit der weiterschreitenden Welle.

2. Optische Theorie.

Daß gelegentlich die Druckwellen auch auf wolkenlosem Himmel zu sehen sind, wurde in der vorangehenden Mitteilung besprochen[1]). Auszüge aus weiteren Beobachtungen hierüber sind in dieser Mitteilung vorgetragen worden. Inzwischen ist mir ein Aufsatz von F. Möller zugesandt worden[2]), in dem auch er die Möglichkeit einer anderen Erklärung der sichtbaren Druckwellen erörtert. Was einige der Einsender mehr oder minder klar geäußert hatten, hat F. Möller nach dem Berichte über die thermodynamische Auffassung in bündigster Form beschrieben. Wir entnehmen diesem Aufsatz:

„Eine ganz andere Erklärungsmöglichkeit für das Sichtbarwerden der Schallwellen liegt in der Annahme, daß infolge der Druck- und Temperaturstörung auch eine Störung der Dichte und des spezifischen Gewichtes der Luft mit der Explosionswelle wandert. Denn auch Dichtenunterschiede rufen Lichtbrechungen und Ablenkungen hervor, es sei nur an das Flimmern der Luft über heißem Boden oder an heißen Häuserwänden erinnert. Auch die Schliere, die sich im Wasser bei der Auflösung eines Stückes Zucker bildet, ist eine sichtbar gewordene Dichtestörung infolge der Änderung des spezifischen Gewichts der Zuckerlösung gegenüber dem ungesüßten Wasser.

Wenn eine solche Dichtestörung vorläge, würde die Erscheinung der sichtbar gewordenen Schallwellen gar nicht auf einer Veränderung (dem Verdampfen oder Schmelzen) der Wolkenteilchen beruhen, sondern sie hätte ihren Sitz gewissermaßen vor der Wolke in der Luft, durch die die optische Inhomogenität der Explosionswelle wandert. In diesem Falle müßten die Schallwellen aber auch gegen den blauen Himmel gesehen werden können. Beobachtungen hierüber sind uns bisher nicht mitgeteilt worden, alle Zuschriften sprechen davon, daß die Erscheinungen bei Wolkenbildung gesehen wurden.

Diese und andere Fragen sind also noch zu klären. So müßte auch z. B. der „Schatten" noch genauer beobachtet werden. Läuft er einem hellen Streifen voraus, ist es umgekehrt, oder werden gar mehrere Wellen hintereinander sichtbar?"

In die optische Theorie passen Bemerkungen wie von O. E. Kiesel, der von einer „sich kreisförmig ausweitenden Riffelung der Luft" spricht, oder der Hinweis von G. Klemm, daß er den Eindruck von „Flimmern der Luft" gehabt habe, das „vor den Wolken, aber auch vor des Himmels Blau" sichtbar geworden sei.

[1]) A. Schmauß, Met. Z. *61*, 279, 1944.
[2]) F. Möller, Kosmos *40/41*, Heft *8*, 212, 1944.

3. Verformung einer Wolke.

Daß die Wellen nicht an Wolken gebunden sind, steht fest. Im vorigen Berichte wurde die Beobachtung von A. Frh. von Stackelberg mitgeteilt, der sie auf Rauchwolken gesehen hat. Auch in dem mir jetzt zugänglich gewordenen Material finden sich klare Angaben über das Erscheinen der Wellen an Rauch- und Staubwolken. Ich füge eine Schilderung von Stabsarzt Martens ein, die wegen der sonstigen treffenden Bemerkungen fast ungekürzt wiedergegeben sei:

„In der zweiten Maihälfte 1944 wurde morgens ein Stoßtruppunternehmen gegen eine Bunkerstellung angesetzt. Der Zeitpunkt lag kurz vor Sonnenaufgang, also bei vorgeschrittener Dämmerung. Die Beleuchtung des Kampffeldes — wir standen mit Blickrichtung nach Norden — war also ganz einseitig, wodurch sich alle Konturen besonders stark abhoben. Während der Feuervorbereitung durch die schweren Waffen bildete sich über dem Zielraum sehr schnell eine dichte Wolke von Staub und Pulvergasen. Die Wand hatte eine Breite von etwa 80 m und eine Tiefe von schätzungsweise 30 m. Nun fiel es auf, daß bei den Einschlägen der schweren (15 cm) Granaten über die Vorderfläche der Dunstwand eine sich halbkreisförmig ausdehnende Welle huschte, die ich für eine Detonationswelle hielt. Da mein Beobachtungsstandpunkt etwa 200 m von den Einschlägen entfernt lag und ich nichts zu tun hatte, hatte ich Gelegenheit, die gleiche Erscheinung bei etwa 50 Einschlägen zu beobachten. Ich wunderte mich darüber, daß bei den anderen Einschlägen ähnliche Erscheinungen nicht wahrzunehmen waren, sondern nur bei den schweren Geschossen. Die Welle hatte eine Breite von etwa 1 bis $1^1/_2$ m und ließ sich jedesmal deutlich bis an das Ende der Dunstwolke erkennen. Ich hatte dabei den Eindruck, als ob die Welle aus einem stark verdichteten inneren Anteil, der bei der seitlichen Beleuchtung (es war wolkenloser Himmel) jedesmal rosa aufleuchtete, und direkt dahinter aus einem stark verdünnten Anteil der Staubteilchen bestände, also nichts anderes als eine Druckwelle wäre. Auch an den Rändern der Staubwolke konnte man bei der nahen Entfernung sehen, wie die Wolke richtig hin- und hergerissen wurde.“

Der Bericht von Martens enthält auch eine Antwort auf die von Möller aufgeworfene Frage, ob der helle Streifen vorausläuft und der dunkle folgt, oder ob die Reihenfolge umgekehrt ist.

Ich füge noch eine Bemerkung von J. Hawlitzky an:

„Ohne daß die Schäfchenwolkendecke verletzt wurde, hob sie sich etwas nach oben, indem jedesmal ein Ring durchging; dann aber gleich hinterher legte sich die Wolkendecke wieder in die alte Lage.“

Diese und ähnliche andere Beobachtungen legen, wie mir scheint, den Gedanken nahe, daß das Material, aus dem sich eine Wolke zusammensetzt, einer vorübergehenden Verformung unterliegt. Bei der Detonation von Fliegerbomben hat man besonders gute Gelegenheit, das Hin- und Hergehen der Luft im Gefolge von Druck und Sog zu studieren, das Aufreißen und das darauf folgende Zuschlagen der Fenster usw. Jeder, der seine verbombte Wohnung aufmerksam daraufhin betrachtet hat, wird sich solcher Wirkungen erinnern. Ich war z. B. einmal sehr überrascht, in meinem verwüsteten Zimmer die Schubvorhänge am Fenster, die ich damals noch besaß, zugezogen anzutreffen, was nur nach dem Ablauf der Druckwelle vor sich gegangen sein kann. Eine groteske Wirkung schilderte mir Herr Woelfle: Der Sog riß den Schlüssel eines Bücherschrankes heraus, die darauffolgende Druckwelle schleuderte ihn wieder zum Schranke hin und bohrte ihn in das Holz desselben.

Man wird die Parallele zu der bekannten Methode der Wellenlängenbestimmung von A. Kundt heranholen dürfen, der, allerdings bei stehenden Wellen, eine wellenmäßige Anordnung des Korkfeilichts oder sonstigen pulvrigen Materials festgestellt und benutzt hat.

Einen darauf bezüglichen Eindruck vermittelt die Schilderung von R. Müller, der die Wellen in künstlichem Nebel sah und anfügte: „Plötzlich bemerkte ich Bewegung im Nebel, wie wenn mit einem Gebläse stoßweise geblasen würde.“

4. Schwingungen im Schwerefeld.

Angeregt durch die Ausführungen von F. Möller, hat der Münchener Physiker H. Bittel sich mit folgender Erklärung zu Worte gemeldet, die er mir freundlichst zur Verfügung gestellt hat; sie wird wohl auch im „Kosmos“ erscheinen; ob vor oder nach dieser Mitteilung kann bei den heutigen Druckschwierigkeiten nicht gesagt werden.

„Wenn man die erwähnten Vorgänge quantitativ untersucht, stößt man auf gewisse Schwierigkeiten, die die Deutung der beobachteten Erscheinung als Kondensations- bzw. Verdampfungsvorgänge zumindest unwahrscheinlich erscheinen zu lassen. Nach den Erfahrungen, die man bei der Nebelbildung etwa in der Wilsonschen Kamera macht, sind nämlich bei reiner Luft — und solche liegt in den in Frage kommenden Atmosphärenschichten vor — ganz erhebliche Druckänderungen notwendig, um eine merkliche Veränderung im Konzentrationszustand herbeizuführen. Mit der durch die Detonation einer Granate zur Verfügung stehenden Sprengstoffenergie ergeben sich in größeren Entfernungen vom Sprengpunkte nur dann hinreichende Druckamplituden, wenn man sich diese ganze Energie in einer außerordentlich steilen Front der Knallwelle lokalisiert denkt. Wenn hierbei der Kondensationszustand trägheitslos den positiven und negativen Druckamplituden folgt, ist bei der sehr wenig tiefen Wellenfront eine auf größere Entfernung sichtbare Veränderung nicht zu erwarten. Eine solche wäre nur dann möglich, wenn sich, wie dies auch in dem erwähnten Kosmos-Aufsatz angedeutet ist, eine nachhaltige, sich mit einer gewissen Nacheilung rückbildenden Kondensationsänderung ergibt.

Der Hinweis, wie in dem Kosmos-Aufsatz erwähnt, daß der eine Beobachter gleichzeitg mit der Sichtbarkeit der Knallwellen eine Haloerscheinung wahrgenommen hat, gibt jedoch einen Fingerzeig für eine sehr naheliegende und einfache Deutung dieser Erscheinung. Die in großer Höhe der Atmosphäre vorhandenen Wolkenschleier bestehen aus kleinen Eiskristallen, die auf Grund der Schwerkraft unmerklich langsam nach abwärts sinken und hierbei sich auf Grund des Strömungswiderstandes der Luft so einstellen, daß sie eine einachsige Orientierung zeigen. Diese Orientierung äußert sich bekanntlich in den Nebensonnen und farblosen Streifen beim Halo. Durch eine hindurchlaufende Knallwelle tritt eine Änderung dieses Ordnungszustandes ein, die im allgemeinen mit einer Änderung des optischen Reflexionsvermögens und damit der Helligkeit der Wolke an der betreffenden Stelle verbunden ist. Infolge ihrer Kleinheit ordnen sich die Teilchen nach Aufhören der Störung wieder verhältnismäßig rasch, jedoch mit einer so großen Nacheilung, daß sich eine für das Auge sichtbare Breite der Störung ergibt, die mit der Geschwindigkeit der Knallwelle durch den Wolkenschleier hindurchläuft. Ein derartiger Vorgang hat ein Analogon in dem Flimmern, das man beobachtet, wenn der Rauch einer Dampflokomotive in das Feld der Oberleitung der elektrischen Bahn gelangt. Hierbei werden bekanntlich die Flüssigkeitströpfchen im 16 $^2/_3$ Hertz-Rhythmus der elektrischen Spannung umorientiert, wodurch ein entsprechender Wechsel im optischen Reflexionsvermögen eintritt. Dieser wird als eigenartiges, schwer zu beschreibendes Flimmern wahrgenommen. (Escherich, Z. f. techn. Physik, *16* 211, 1933.)

Für die Art der Umordnung der Eiskriställchen, durch die Knallwelle kann man zwei verschiedene Ursachen heranziehen, zwischen welchen man auf Grund der berichteten Beobachtungen nicht ohne weiteres unterscheiden kann. Entweder es tritt durch eine ungeordnete Strömung bzw. Wirbelbildung ein Übergang in eine statische Verteilung ein, bei der jede Raumrichtung gleich wahrscheinlich ist, oder die plättchenförmig anzunehmenden Eiskriställchen verhalten sich im Schallfeld so, wie die zur Messung von Schallintensitäten gebräuchliche Rayleigh'sche Scheibe, indem sie sich senkrecht zum Schallstrahl einstellen.

In beiden Fällen ergibt sich — und darauf kommt es hier allein an — im allgemeinen eine Orientierung, die von der der allmählich absinkenden Kriställchen abweicht.

Ganz allgemein entfällt bei der hier gegebenen Deutung die der Annahme einer Kondensationsänderung anhaftende Schwierigkeit, die darin besteht, daß durch die Aufeinanderfolge von Über- und Unterdruck Vorgänge entgegengesetzter Vorzeichen ausgelöst werden, die sich bei Betrachtung eines ausgedehnten Raumgebietes in erster Näherung gegenseitig aufheben. Die Einstellung von Kristallscheibchen im Schallfeld z. B. ist eine ausgesprochene Gleichrichterwirkung, die unabhängig ist vom Richtungssinn der Luftbewegung im Schallfeld."

Auch aus den Kreisen unserer Einsender ging mir die Erklärung zu, daß ein Orientierungseffekt maßgeblich sein könnte. So erörterten die Kollegen der Flugwetterwarte Neubiberg, „ob die Möglichkeit besteht, daß die Eisteilchen der Kondensfahnen in einer bestimmten, gerichteten Anordnung gelagert sind und nun bei den Wellenvorgängen eine andere Lage einnehmen könnten, so daß dadurch scheinbare Verdichtungen und Verdünnungen der Eisteilchen entstehen würden (Beispiel: Auf Wasserwellenoberfläche sich bewegender Holzstab)".

Für die im Bereiche der Cirren beobachteten Druckwellen ist das sicherlich eine sehr wertvolle Ergänzung unserer Vorstellungen. Daß auch sie nicht die einzige Erklärung sein kann, geht u. a. aus den inzwischen bekannt gewordenen Beobachtungen auf blauem Himmel hervor.

V. Äußerungen der Beobachter zur Entstehungsfrage.

Mit den hier vorgetragenen Erklärungsversuchen ist ihre Zahl wohl erschöpft. Daß die Beobachter von sich aus zu ähnlichen Anschauungen gekommen sind, ist den eingestreuten Bemerkungen zu entnehmen, die sie ihren Schilderungen angefügt haben. Die Einsender mögen es mit dem Raummangel entschuldigen, wenn nicht jeder zu Worte gekommen ist, der sich in ähnlicher Weise geäußert hat.

Ich füge noch einige zusätzliche Äußerungen an, aus denen die Zustimmung zur einen oder anderen Erklärung zu entnehmen ist.

H. von Ficker, dessen Beobachtung von Wellen bei Sprengungen von Munition bereits mitgeteilt wurde, nimmt folgende Stellung ein:

„Ich konnte mir den Befund nicht anders erklären, als durch die Annahme, daß eine sich ausbreitende Explosionswelle die Oberfläche einer auf die unteren Schichten beschränkten Dunstmasse wellenförmig deformiert."

G. Hagedorn berichtet:

„Ich versuchte die Erscheinung mit einer Schallwelle zu erklären, die entweder komprimierend eine momentane Reflexion ergab oder durch Erschütterung in einer Inversionsschicht eine plötzliche Kondensation erzeugte.

Die zweite Erklärung kam mir unwahrscheinlich vor, denn die Kondensation verschwand ja wieder im Fortlaufen, was mir nicht klar ist."

A. Pühringer äußert:

„Die geheimnisvollen Kreise waren nichts anderes als der auf die Wolke projizierte Schatten, der sich kugelförmig ausbreitenden Detonationswellen der krepierenden Bomben . . . Hier wird man vielleicht einwenden, es sei nicht glaubhaft, daß Luftwirbel Schatten werfen. Da möchte ich nur darauf hinweisen, daß auch Wasserwirbel Schatten werfen können, wie man leicht an jedem klaren Bächlein bei Sonnenschein (und hellem Flußgrund) sehen kann."

Der Physiker Schütz übermittelte einen Deutungsversuch seines Schülers:

„Bei einem Erklärungsversuch ging ich von der Voraussetzung aus, daß die Wolke aus länglichen Eiskristallen besteht. Trifft eine Schallwelle auf eine solche Wolke, so könnte in der Phase maximaler Strömungsgeschwindigkeit der Luft eine Ausrichtung der Kristalle, in der Phase minimaler Geschwindigkeit dagegen ein Zurückfallen in den ungeordneten Zustand auftreten. Die Wirkung auf das teilweise polarisierte Licht wäre dann eine ähnliche, wie sie aus Versuchen über Strömungsdoppelbrechung bekannt ist."

Dr. Steigner gibt seine Meinung dahin ab,

„daß das Sichtbarwerden von Schallwellen dadurch zustandekomme, daß sie eine Zone verdichteter Luft darstellen, welche das Licht stärker bricht als die umgebende normale Atmosphäre. Lichtstrahlen also, die auf ihrem Wege Sonne — Wolke — Beobachter in einem bestimmten Winkel auf eine solche Luftzone treffen, gelangen nicht zum Auge des Beobachters, die Schallwelle erscheint daher dunkel."

In einem dem „Hamburger Tageblatt" übersandten Bericht[1]) über „Kanonendonner als Himmelsschrift" äußert Dr.-Ing. P. Maack zur Entstehung folgendes:

„. . . Zur Erklärung dieser Naturerscheinung wurde von meteorologischer Seite die Annahme gemacht, daß an den Wolken bei der Ausbreitung der Schallwellen eine rasch wechselnde Verdampfung und Kondensation erfolgt. Meiner Ansicht nach bedarf es dieser Annahme vorerst nicht oder wenigstens nicht in jedem Falle. Der Schalldruck ruft bei der Stärke der Kraftquellen, die durch Flakfeuer oder Bombendetonationen in der Luft entstehen, bereits so hohe Veränderungen der Dichte oder des spezifischen Gewichts der Luft und damit auch ihres Brechungsexponenten hervor, daß ein Sichtbarwerden der Schallwellen schon allein dadurch erklärt werden kann."

Maack erwähnt in seinem Berichte u. a. auch, daß die Wellen schon nachts bei Mondenschein beobachtet wurden.

Von einem Fliegerkommando liegt eine Äußerung zu dem Aufsatz von F. Möller im „Kosmos" vor:

„Die beiden Erklärungen der Naturerscheinung in dem Artikel erscheinen sehr wenig wahrscheinlich. Es wird vielmehr angenommen, daß durch die Druckwellen der Detonationen die Wasserteilchen der Wolke kleine Verformungen erhielten, wodurch eine Brechung des Sonnenlichts erfolgte, so daß für den Beobachter tatsächlich die Detonationswellen sichtbar wurden."

Zusammenfassung: I. Bei den gelegentlich am Himmel sichtbaren hellen und dunklen Ringen und Streifen handelt es sich zumeist um Druckwellen, die durch Detonation von Sprengstoff hervorgerufen werden. Auch rasche Flugzeuge lösen an ihrer Stirnseite Verdichtungen und Verdünnungen in der Luft aus, die dem Auge wahrnehmbar werden können.

II. Die Wellen besitzen eine Frequenz, die unter der Hörbarkeit des menschlichen Ohres liegt, daher Wellenlängen, die ihre Sichtbarkeit auch auf größere Entfernungen ermöglichen.

---

[1]) Hamburger Tageblatt vom 20. September 1944, das mir die Schriftleitung freundlichst zugesandt hat.

III. Das Vorhandensein von Wolken ist für die Sichtbarmachung nicht nötig, doch wird sie dadurch erleichtert; insbesondere gilt das von feinen Wolkenschleiern.

IV. Es gibt verschiedene Vorgänge, die das Sichtbarwerden der Wellen ermöglichen:

1. Thermodynamische Vorgänge;
2. Veränderung der optischen Konstanten;
3. Verformungen von Wolkenoberflächen;
4. Schwingungen von Eiskristallen im Schwerefeld der Erde.

V. Andere als die unter IV aufgeführten Vorgänge waren einem umfangreichen Beobachtungsmaterial nicht zu entnehmen. Soweit sich aus der Zahl der Meldungen ein Schluß auf die Häufigkeit der einzelnen Vorgänge ziehen läßt, ist die Reihenfolge die im Abschnitt IV besprochene. Sie ist aber nicht zwingend, da das Auffinden der Wellen beim Vorhandensein einer Bewölkung erleichtert wird, und die Aufmerksamkeit der Beobachter beim Erscheinen von Kondensstreifen erhöht zu sein pflegt.

Manche Fragen bleiben noch offen, da man bei den bisherigen mehr zufälligen Beobachtungen aus naheliegenden Gründen keine Meßinstrumente, fotografischen Apparate usw. zur Hand hatte.

(Abgeschlossen am 31. Januar 1945.)

Anschrift des Verfassers: (13 b) München, Schellingstr. 14/2.

Reflexion von Luftstörungen an der Ionosphäre

Von F. Schindelhauer-Potsdam

Mit 4 Abbildungen

Bei der Methode der Echolotung der Ionosphäre mit Hilfe von drahtlosen Signalen wird ein kurzdauernder Puls von einem hauptsächlich nach oben strahlenden Sender ausgeschickt. Die Strahlung dieses Pulses wird von einer der ionisierten Schichten zurückgeworfen und trifft am Empfänger später ein als das am Boden laufende direkte Signal. Aus der Zeitdifferenz kann die scheinbare Höhe der reflektierenden Schicht berechnet werden.

Bei der Ausbildung einer Blitzentladung während eines Gewitters wird gleichfalls ein kurzdauernder Puls von dem Blitzkanal wie von einer Sendeantenne ausgestrahlt. Dieser Puls wird wie ein drahtloses Signal nach allen Seiten ausgebreitet und kann von irgendeinem Empfänger als „Luftstörung" (atmospheric) empfangen werden. Durch die Untersuchung der Wellenform dieser Störung lassen sich Schlüsse auf den Entladungsvorgang in der Blitzbahn ziehen. Wird der Puls an einer der Schichten der Ionosphäre reflektiert, so müssen bei oszillographischer Aufnahme außer dem am Boden laufenden Puls Wiederholungen des Empfangsbildes zu sehen sein.

Instrumentelles: Die Aufnahme des Pulses auf der Empfangsstation geschieht mit einer aperiodisch gemachten Antenne. Es ist von vornherein nicht bekannt, welche Frequenzen in der aufzunehmenden Wellenform des Pulses enthalten sind, die Empfangsapparatur muß also grundsätzlich auf alle Frequenzen ansprechen können. In Potsdam wurde nach englischem Vorgange (1) die in Abbildung 1 dargestellte Prinzipschaltung angewendet. Die Antenne ist durch den Widerstand R aperiodisch gemacht worden. Ihre Eigenfrequenz sei ω, ihre Induktivität L, die Kapazität C. Dann ist die Bedingung, daß keine freien Schwingungen auftreten können,

$$\frac{R}{2L} > \omega$$

oder, da $\omega = \frac{1}{\sqrt{L \cdot C}}$

$$R^2 > \frac{4L}{C}.$$

Die an der Antenne A wirkenden Feldschwankungen erzeugen an den Klemmen von C proportionale Spannungsschwankungen (1), welche durch den frequenzunabhängigen Verstärker V verstärkt und auf den Fluoreszenzschirm der Kathodenstrahlröhre K sichtbar gemacht werden. Das Bild des Fluoreszenzflecks kann nun auf einer mit lichtempfindlichem Material bespannten schnell laufenden Registriertrommel festgehalten werden und liefert dann eine graphische Darstellung des Feldverlaufs in der Umgebung der Antenne. In Potsdam ist bisher eine vorläufige Anordnung in folgender Weise (2) getroffen worden: das Bild des Schirms wird mit einem feststehenden Film aufgenommen. Sobald eine Feldstörung eintritt, wird ein einmaliger Kippvorgang ausgelöst, welcher den Fleck in horizontaler Richtung über den Schirm führt. Gleich-

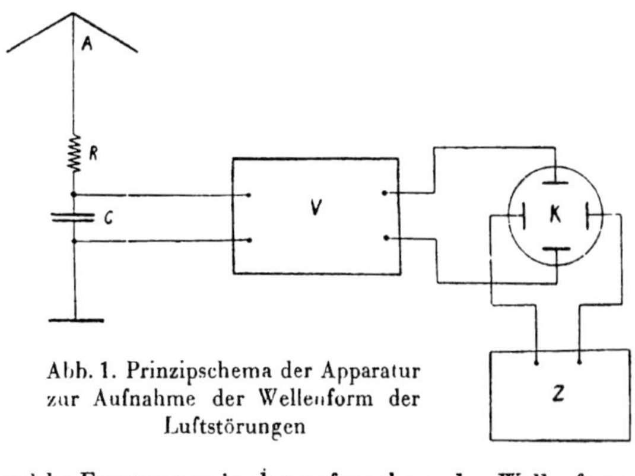

Abb. 1. Prinzipschema der Apparatur zur Aufnahme der Wellenform der Luftstörungen

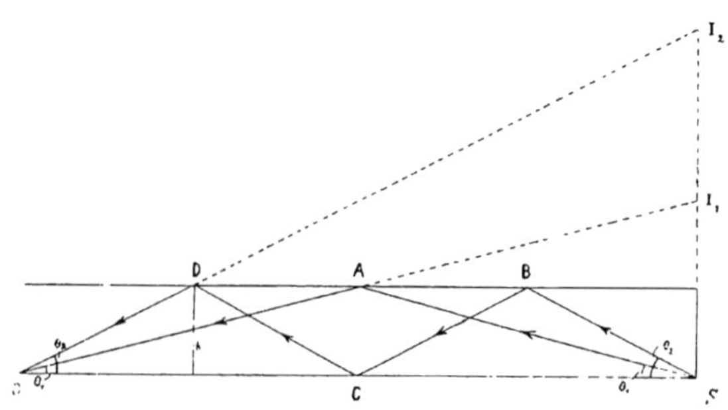

Abb. 2. Reflexion an der Ionosphäre (Labv). OCS Erdoberfläche, DAB reflektierende Schicht

zeitig wird der Fleck hellgesteuert. Der fotografische Vorgang besteht also in einer einfachen Zeitaufnahme.

Theoretische Strahlberechnung bei der Reflexion der Luftstörungen (Laby (3) und Schonland (4)): In Abbildung 2 befindet sich bei O die Empfangsantenne. Im Punkte S sei die sendende Blitzbahn angenommen, die Entfernung längs der als eben angenommenen Erdoberfläche sei d. Der von S ausgestrahlte Puls erreicht den Empfänger bei O nicht nur direkt über O S, sondern auch nach 1, 2, ... n-maliger Reflexion an der in D A B angenommenen ionisierten Schicht. Die Zeit, die der direkte Strahl gebraucht, sei t_g. t_n sei die Zeit, die der indirekte Strahl gebraucht, wenn er n mal an der Ionosphäre und (n — 1) mal am Boden reflektiert wird. Bezeichnet c die Lichtgeschwindigkeit, so ist t g mal c = d (c = 3 mal 10^5 km/sec.). Die Höhe der ionisierten Schicht sei h. Die Länge des einmal an ihr reflektierten Strahls ist dann

$$2\,OA = \frac{2h}{\sin\Theta_1} \text{ und } t_n \cdot c = 2n\frac{h}{\sin\Theta_n}.$$

Der Zeitunterschied zwischen der Ankunft des direkten und des einmal reflektierten Pulses beträgt

$$\Delta t_1 = t_1 - t_g = \frac{2h}{c}\cdot\frac{1}{\sin\Theta_1} - \frac{d}{c}.$$

Zwischen dem n-ten und dem (n — 1)ten Puls liegt der Zeitraum

$$\Delta t_n = t_n - t_{n-1} = \frac{2h}{c}\left(\frac{n}{\sin\Theta_n} - \frac{n-1}{\sin\Theta_{n-1}}\right).$$

$$\operatorname{tg}\Theta_n = 2n\frac{h}{d}$$

Bei ebener Erdoberfläche ist der ganze durchlaufene Weg nach einmaliger Reflexion

$$\overline{OA} = \sqrt{h^2 + \frac{d^2}{4}}$$

nach n-maliger Reflexion

$$t_n \cdot c = \sqrt{4\,n^2 h^2 + d^2}$$

Diese Formel kann durch Anbringung eines Korrektionsgliedes für die gekrümmte Erdoberfläche brauchbar gemacht werden. In Abb. 3 ist P S = 1 ein indirekter Teilstrahl. Der Bogen Q S über diesem Teilstrahl ist

$$QS = \frac{d}{2n} = R\vartheta \qquad (R = \text{Erdradius})$$

Durch Anwendung des Cosinus-Satzes in dem Dreieck O P S ergibt sich, wenn man

$$\cos\theta = 1 - \frac{\theta^2}{2} \text{ und } \theta = \frac{d}{2n\,R} \quad \text{setzt,}$$

$$ct_n = 2n\,l = \sqrt{4n^2h^2 + d^2\left(1 + \frac{h}{R}\right)}.$$

An Stelle von d wäre also $d^1 = d\sqrt{1 + \frac{h}{R}}$ zu setzen. Der Faktor ist für h = 80 km nahezu gleich Eins, praktisch also in den meisten Fällen zu vernachlässigen.

Da es vorkommt, daß der direkte Puls vom ersten indirekten nicht zu trennen ist, benutzt S c h o n l a n d (5) Ausdrücke zur praktischen Berechnung, welche die Zeitintervalle $\tau_1, \tau_2 \ldots \tau_n$ zwischen den aufeinander folgenden indirekten Pulsen enthalten:

$$\tau_n = t_n - t_{n-1} = \sqrt{4n^2h^2 + d^2\left(1 + \frac{h}{R}\right)} - \sqrt{4(n-1)^2h^2 + d^2\left(1 + \frac{h}{R}\right)}$$

Hieraus entwickelt er dann Formeln, mit deren Hilfe aus einer größeren Serie von Aufnahmen h und d direkt berechnet werden können:

$$h = \frac{c}{n}\sqrt{\frac{\tau_1 \cdot \tau_2 (\tau_1 + \tau_2)}{(r^2 - q^2)\,\tau_1 - (q^2 - p^2)}}$$

Wenn t p, t q und t r die Ankunftszeiten des p-ten, q-ten und r-ten indirekten Pulses sind, so bedeuten $\tau_1 = t_q - t_p$, $\tau_2 = t_r - t_q$. p, q und r können beliebig gewählt werden und zweckmäßig so, daß die Zeitintervalle mit großer Genauigkeit gemessen werden können

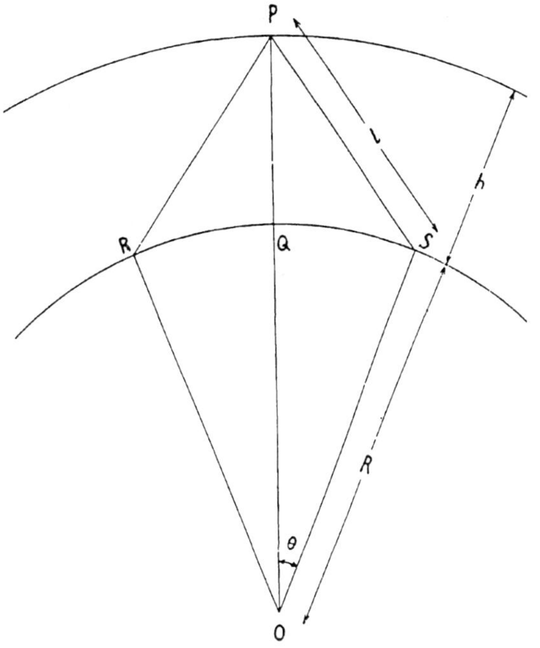

Abb 3. Berücksichtigung der Erdkrümmung

Die Bestimmung von d ergibt sich nach

$$d^2\left(1 + \frac{h}{R}\right) = \left[\frac{4h^2(q^2 - p^2) - c^2\tau^2}{2c\tau}\right]^2 - 4p^2h^2$$

wo τ wieder das Zeitintervall zwischen zwei weit voneinander getrennten Pulsen bedeutet.

S c h o n l a n d weist darauf hin, daß die obigen Formeln nur für Entfernungen gelten, bei denen der erste indirekte Strahl noch nicht die Erdoberfläche tangential verläßt, was für h = 90 km und etwa d = 2000 km zutrifft.

Für den Grenzfall, daß die indirekten Strahlen nahezu vertikal auffallen, also bei hoher Ordnung von n (S c h o n l a n d hat solche von 40. Ordnung beobachtet) werden die Zeitintervalle zwischen den Pulsen nahezu konstant und nähern sich asymptotisch einem Werte von 600 μ sec. Der Grenzwert der Zeitintervalle ist dann eben 2 h und für h = 90 km ergibt sich τ = 600 μ sec.

E r g e b n i s s e: Eine Serie von Beobachtungen, die Laby (3) in Australien erhalten hat, ergibt für h

Werte, die zwischen 54 und 83 km liegen. Die größte Mehrzahl drängt sich um den Wert 80 km, der also wohl die normale Reflexionshöhe für Australien darstellen wird.

Eine größere Serie von Beobachtungen in Südafrika hat S c h o n l a n d (5) bearbeitet. Er weist nach, daß eine Wellenform, welche durch mehrfache Reflexion eines Pulses an der Ionosphäre entsteht, b e i N a c h t überhaupt eine regelmäßige Erscheinung ist. Schonland bestimmt gleichzeitig mit jeder Formaufnahme die Lage und Entfernung des Herdes durch Kathodenstrahlpeilung von zwei Beobachtungspunkten aus. Luftstörungen, deren erzeugender Blitzkanal bis zu 2000 km entfernt war, wurden aufgenommen. Bei Entfernungen, die größer waren als 500 km, trat Verschmelzen des direkten Pulses mit dem ersten indirekten Pulse ein, weil die Laufzeiten zu wenig verschieden waren.

Die Höhe der reflektierenden Schicht konnte bis auf ± 1 km genau bestimmt werden. Sie schwankte während der Wintermonate zwischen 85,5 und 90,5 km. Der Mittelwert betrug 88,0 km.

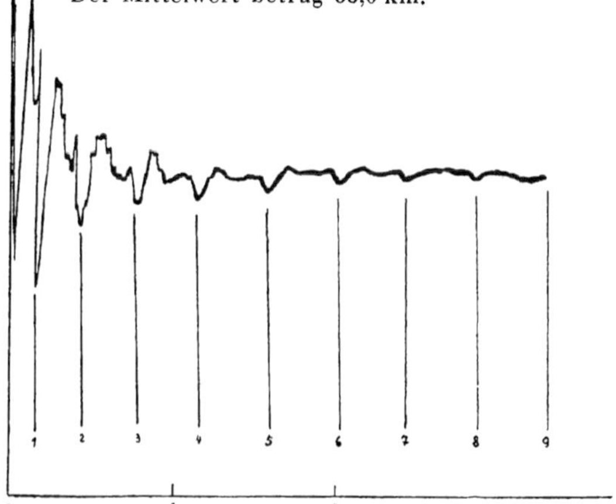

Abb. 4. Aufnahme einer reflektierten Störung in Potsdam am 18. Sept. 1945 20.30 MEZ. Zeitskala (unten) in Millisekunden

Eine vom Standpunkte des Meteorologen besonders wichtige Feststellung konnte Schonland machen (4). In der Umgebung von Gewittern war die reflektierende Schicht niedriger als gewöhnlich. Innerhalb einer kritischen Entfernung von 300 km fällt h von 85 km auf 50 km. Dieser Wert gilt direkt über dem Gewitter. Es findet also über Gewittern tatsächlich eine größere Ionisierung in niedrigerer Höhe statt. Bei Echolotungen der Ionosphäre mit Hilfe von künstlich ausgesendeten Pulsen wurden auch schon abnormale Inonisierungen über Gewittern fetgestellt.

Als Beispiel einer Aufnahme des elektrischen Feldes einer Luftstörung mit Reflexionen ist in Abb. 4 die am Observatorium Potsdam am 18. September 1945, 20.30 Uhr MEZ. gelungene Photographie wiedergegeben, (Beobachterin Fräulein M. K r e s t a n).

Es sind 9 Reflexionen zu erkennen, der direkte Puls hat eine so große Amplitude, daß der Ausschlag aus dem Gesichtsfeld herausgegangen ist. Unter Benutzung verschiedener Kombinationen für p, q, r ergeben sich für h die Werte h = 58, 56, 60, 61 km. Es berechnet sich dann unter Zugrundelegung eines Wertes h ≙ 60 für d etwa 180 bis 200 km. Ob dieses Resultat durch meteorologische Beobachtungen bestätigt wird, konnte noch nicht nachgeprüft werden*). Es würde aber in Übereinstimmung mit den Ergebnissen von S c h o n l a n d sein, daß über Gewitter sehr niedrige Reflexionshöhen gefunden werden. Anscheinend sind Aufnahmen, die deutliche indirekte Pulse zeigen, in unseren Breiten verhältnismäßig selten. Das kann an der provisorischen Versuchsanordnung in Potsdam liegen, welche bewirkt, daß nur Zufallstreffer erhalten werden können, da kontinuierliche Aufnahmen mit einer Registriertrommel bisher nicht möglich waren. Da bis 1939 von englischer Seite derartige Bilder von indirekten Pulsen aber auch nicht bekannt geworden sind, so liegt tatsächlich vielleicht ein Breiteneinfluß vor. Daß auch bei uns reflektierte Luftstörungen eine regelmäßige Erscheinung sind, beweisen die Barkhausen'schen Pfeiftöne.

Pfeiftöne aus der Erde: Musikalische Luftstörungen: Schon im vorigen Kriege wurden beim Abhören feindlicher Telephonsendungen Luftstörungen gehört, die als musikalische Töne sich bemerkbar machten. Sie wurden von B a r k h a u s e n beschrieben, und es wurde ihre Entstehung auch richtig erklärt (6). Die Töne wurden wie „piou" gehört, sie fingen also mit einer hohen Frequenz an, wurden mit abnehmender Frequenz schwächer und endeten mit einer konstanten Tonhöhe, ganz wie es die oben dargelegte Theorie der Strahlenreflexion verlangt.

Ebenso gehören hierher die von B u r t o n und B o a r d m a n (7) untersuchten musikalischen Störungen, die auch auf Unterseekabeln gehört werden. Nicht in allen Fällen und nicht von allen Forschern werden aber Blitzentladungen als Ursache dieser Störungen angesprochen.

Zusammenfassung: Es wird die instrumentelle Anordnung zur Aufnahme der Wellenform von Luftstörungen und die theoretische Strahlberechnung von L a b y und S c h o n l a n d besprochen. Die Ergebnisse in Australien und Südafrika ergeben eine Reflexionshöhe h = 80 bis 90 km. Über Gewittern ist die Reflexionshöhe nur 50 km. Eine Potsdamer Aufnahme bestätigt dieses Ergebnis. Die reflektierten Luftstörungen sind mit den Barkhausen'schen Pfeiftönen identisch.

L i t e r a t u r

(1) W a t s o n W a t t and A p p l e t o n : On the nature of atmospherics. Proc. Roy. Soc. A. 103. 1923.

(2) A p p l e t o n and C h a p m a n : On the nature of atmospherics IV. Proc. Roy. Soc. A. 158, 1. 1937.

(3) L a b y , M c N e i l l , N i c h o l l s and N i c k s o n : Wave form, energy and reflexion by the ionosphere of atmospherics. Proc. Roy. Soc. A. 174, 145. 1940.

(4) S c h o n l a n d , E l d e r , v a n W y k and C r u i c k s h a n k : Reflexion of atmospherics from the ionosphere. Nature 143, 1939, S. 893.

(5) S c h o n l a n d , E l d e r , H o d g e s , P h i l i p p s and v a n W y k : The wave-form of atmospherics at night. Proc. Roy. Soc. A. 5. Febr. 1940.

(6) B a r k h a u s e n : Pfeiftöne aus der Erde. Phys. Zeitschr. 20. 401—403. 1919. Proc. Inst. Rad. Eng. 18, S. 1155. 1930.

(7) B u r t o n and B o a r d m a n : Audio-frequency Atmospherics. Proc. Inst. Rad. Eng. 21, S. 1476. 1933.

Die während des Krieges erschienene Literatur konnte nicht berücksichtigt werden, da sie mir nicht zugänglich war.

A n s c h r i f t d e s V e r f a s s e r s : Meteorol. Zentral-Observatorium Potsdam.

*) Inzwischen ist vom Meteorol. Amt für Nordwestdeutschland das Bestehen von Instabilität im fraglichen Bereich bestätigt worden.

Zur Theorie der Wetterwirkung auf den Menschen

Von Dr. med. Hans Tichy

Sind wir ein Spiel von jedem Druck der Luft?
Faust I.

So einfach und natürlich der naiven Erfahrung der Einfluß des Wetters auf den Menschen erscheint, so verwickelt und anfällig gegen künstliche theoretische Deutungen ist das Problem bei wissenschaftlicher Betrachtung. Beide Seiten des Arbeitsfeldes zeigen eine Fülle von Beobachtungen und Tatsachen, die meteorologische naturgemäß genauer und gesicherter als die medizinische Seite; doch die logische oder gar als Ursache und Wirkung gedachte Verknüpfung der Ergebnisse beider Disziplinen bedarf so sehr der Kritik und so innigen Zusammendenkens des Meteorologen und des Arztes, daß Fehlschläge fast unausbleiblich waren und noch sind.

Für die Praxis ausreichende Vorstellungen herrschen bereits auf dem Gebiete der Heilklima-Forschung. In den Wärme- und Wasserhaushalt unter klimatischen Verhältnissen und in die Wirkungen der Sonnen- und Himmelsstrahlung haben wir so klaren Einblick, daß mit geeigneten Geräten (z. B. Frigorigraph von Pfleiderer-Büttner und bioklimatisches Ultraviolett-Dosimeter) sogar eine genügend genaue Dosierung der Freiluft- und Bestrahlungskur möglich ist.

Nicht so gut steht es mit der Erkenntnis der Wetterwirkung. Daß im dazu bereiten Körper bestimmte Erkrankungen und im Verlauf der verschiedensten Krankheiten bestimmte Zufälle und Anfälle vom Wetter, insbesondere von den Vorgängen an „Fronten“, „Unstetigkeitsschichten“, „Inversionen“ beim Wechsel von Luftkörpern und besonders einprägsam bei Föhn, im erweiterten Begriff des Wortes auch bei „freiem Föhn“, ausgelöst werden, ist die heute fast einheitlich vertretene Anschauung, seit vor mehr als 15 Jahren de Rudder auf diese Dinge als Erklärungsmöglichkeit „erster Annäherung“ hinwies.

Die Suche nach dem „wirkenden Etwas“ des atmosphärischen Geschehens jedoch hat sich bisher als fruchtlos gezeigt, soweit sie sich darauf versteifte, einen einzigen meteorologischen Faktor, losgelöst von seinen Mitfaktoren, anzuschuldigen. Weder Temperatur, noch Feuchtigkeit, noch Potentialgefälle oder Ionen haben für sich allein die biologischen Erscheinungen zwanglos zu erklären vermocht. Insbesondere die Tatsache, daß die als wetterbedingt so gut gesicherten Folgen echten Föhns auch und gerade im geschlossenen Raum auftreten, blieb dunkel; auch „elektrisch“ war und ist sie nicht zu erhellen, da im Zimmer ausgerechnet diese Vorgänge völlig anders verlaufen wie unter freiem Himmel.

Dabei verfügen wir bereits seit 1911 über eine zunächst meteorologisch ausgezeichnet begründete Anschauung des Direktors der Zentralanstalt für Meteorologie und Geodynamik in Wien H. von Ficker, die er aus eigenstem Erleben des Innsbrucker Föhns gewonnen hatte. Die Theorie v. Fickers (1) ist ein Musterbeispiel für die Notwendigkeit, beim Suchen nach dem biologisch wirksamen Wetterfaktor nicht nur dem einen vermuteten Element nachzuspüren, sondern die miteinander reagierenden Luftkörper und Luftströmungen mit allen ihren meßbaren Eigenschaften als Ganzheiten zu fassen und ihre Abwandlungen durch die orographischen und sonstigen klimatologischen Besonderheiten der Örtlichkeit zu berücksichtigen.

Bei Föhn handelt es sich um zwei, zunächst durch ihre Temperatur verschiedene Luftkörper, Warmluft über Kaltluft, durch eine Inversion gegeneinander abgegrenzt. Inversionen sind an sich im Gebirge sehr häufig; jeder Bergwanderer, besonders jeder Schiläufer, hat es schon erlebt, daß er beim Aufstieg in wärmere Luftschichten kommt, als er sie im Tale verließ. Bei relativ ruhender Luft, z. B. in winterlichen Antizyklonen, wirkt diese Temperaturumkehr keineswegs ungünstig auf den Menschen, im Gegenteil, das dadurch bedingte schöne Winterwetter der Höhen mit seiner klaren Luft über der Dunstschicht der Niederung fördert sein Wohlbehagen. Auch im Tal treten krankhafte Erscheinungen typischer Art nicht auf, abgesehen von der durch Zunahme von Dunst- und Staubkernen gesteigerten chemisch schädlichen Verunreinigung des Ärosols (Maasnebel-Katastrophe) und von der unter Umständen erheblichen Verringerung des Lichtgenusses.

Bei Föhn haben wir ebenfalls im Tale Kaltluft, auf der aber nicht, wie bei der gewöhnlichen Inversion, die Warmluft relativ ruht, sondern die der Föhn stürmisch überweht. Dadurch werden an der Oberfläche der Kaltluft Druckwellen von 3 bis 15 Minuten Periode und oft großer Amplitude bis zu 4 mm Hg erzeugt. Diese Druckwellen sind mit dem Variographen am Grunde des Kaltluftsees auch dann nachweisbar, wenn der Föhn im Tale noch gar nicht durchgedrungen ist, also in dem besonders unangenehm empfundenen Vorstadium des Föhns und in den Föhnpausen; sie sind natürlich — was entscheidend wichtig ist — auch in geschlossenen Räumen vorhanden.

Dagegen zeichnet oberhalb der Inversion, in der Föhnströmung selbst, wo auch die Symptome der Föhnkrankheit fehlen, der Variograph diese Art Druckwellen nicht auf, sondern lediglich die überall bei Wind durch dessen Sog und Stau in Gebäuden bewirkten Druckschwankungen kürzerer Periode.

Auf die, soweit bekannt, nur bei Föhn über einer Inversion erregten Druckwellen einer Periode mehrerer Minuten führt v. Ficker die biologischen Wirkungen des Fallwindes zurück.

Darüber hinaus kann für seine Theorie auch die von Flohn hervorgehobene Tatsache geltend gemacht werden, daß bei „freiem Föhn“ in der Ebene die Auslösung von Krankheiten ebenfalls an das Vorhandensein einer Inversion gebunden ist. Erst an und unterhalb der Grenzschicht kommt es bei absteigenden Luftströmen zu biologischen Erscheinungen, trotzdem der freie Föhn meist gar nicht in die Kaltluft durchdringt. Auch aus den Anschauungen von Flach, der dem Absteigen der Luft als solchem mit seinen Folgen für den Dampfdruck und den dabei auftretenden kapillar-elektrischen Spannungen pathogenetische Bedeutung beimißt, kann man schließen, daß es sich um Vorgänge handelt, die die absteigende Luft in der Grenzschicht bzw. in der bodennahen Kaltluft erregt; die Schilderung Flachs einer Wetterlage mit antizyklonalem Föhn in der Höhe und Nebel am Beobachtungsort Bad Elster vom 20. bis 25. Januar 1930 mit mehreren Anginafällen spricht ganz in diesem Sinne (2).

Versuche von W. Schmidt in der Druckkammer hatten ungünstige Wirkungen bei Druckschwankungen einer Periode von mehreren Minuten.

Das abweichende Ergebnis von Storm van Leeuwen und seinen Mitarbeitern, die keine Beziehungen zwischen den vom Schmidtschen Variographen und noch empfindlicheren Instrumenten aufgezeichneten Druckwellen und den gleichzeitigen Angaben föhnfühliger Innsbrucker Einwohner finden konnten, ist nach v. Ficker (1) kein Gegenbeweis, da hierbei kürzere Wellen von 1/6 bis 1/10 Sekunde Periode verwandt wurden. Das sind aber nicht die vom Föhn erregten Druckwellen in der Kaltluft, sondern die oben bereits erwähnten, von jedem Wind auch in der Ebene ohne Föhn erzeugten Sog- und Stauwellen in geschlossenen Räumen. Zudem haben Storm van Leeuwen und Mitarbeiter das besonders wirksame Vorstadium des Föhns nicht vom Meteorologen bestimmen lassen, sondern sich nur auf die Angaben der Versuchspersonen selbst gestützt.

Die Schmidtschen Beobachtungen verdienen Nachprüfung auf breiter Grundlage. Psysiologen, Ohren- und Nervenärzte sollten dabei mit den Meteorologen zusammenarbeiten.

Eingehende Beobachtung und Analyse des fraglichen Druckwellenbereichs mit den Methoden der Schall-Physik und -Physiologie wird hier endgültige Klarheit bringen (Scheminzky 3). Die einzige Stelle, wo nach vorläufigem Abschluß der Innsbrucker Föhnstudien in dieser Richtung gearbeitet wird, ist das Observatorium in Davos. Schon 1934 wies dessen Leiter W. Mörikofer (4) ebenfalls darauf hin, daß die Wettereinflüsse — also nicht nur die Föhnwirkung — schnellen Luftdruckschwankungen zuzuschreiben seien; im Vordergrunde der Davoser Forschung standen damals Druckwellen von der Dauer einer oder einiger Minuten, also im Periodenbereich der v. Ficker-W. Schmidtschen Wellen, und im Betrage eines Bruchteils eines Millimeters. Nach neuester brieflicher Mitteilung W. Mörikofers vom 14. 6. 1946 sind die Beobachtungen in Davos noch in vollem Gange. Die bisher vermutete biologische Wirkung der relativ langsamen Wellen von 1 bis 30 Minuten Dauer scheine sich nicht zu bestätigen, obgleich gerade diese eine Registrierkurve zeigten, die für die Art des Witterungsvorganges ganz charakteristisch sei und in vielen Fällen erlaube, Wetteranalysen auf Grund des Variogramms aufzustellen. Neuerdings nimmt Mörikofer an, daß schnellere Wellen, deren Frequenz zwischen 1 und 16 je Sekunde, also unmittelbar anschließend an die untere Hörgrenze liegen muß, für die meteorotrope Wirkung des Wetterwechsels verantwortlich sein könnten.

Die Dinge sind also physikalisch-meteorologisch noch im Fluß, und es wäre von dieser Seite noch zu klären, ob die bis jetzt nur bei Föhn und föhnartigen Vorgängen von v. Ficker und W. Schmidt nachgewiesenen Luftdruckwellen bis zu 4 mm Hg Schwankung und 3 bis 15 Minuten Periodenlänge oder die von Mörikofer beim Wetterwechsel überhaupt registrierten schnelleren Druckwellen die biologisch wirksamen sind.

In beiden Fällen handelt es sich um Infraschall verschiedener Wellenlänge. Der von Mörikofer genannten Frequenz von 1 bis 16 Hertz entsprechen Wellenlängen zwischen 340 bis etwa 21 m, während die v. Fickerschen Druckwellen Längen mehrerer Kilometer, bei etwa 3 Minuten (200 Sekunden) Periode rechnerisch schon rund 68 km Länge erreichen. Nach brieflicher Mitteilung H. v. Fickers vom 3. 7. 1946 hat W. Schmidt nach seinen Variogrammen selbst die Größenordnung von Kilometern, in einem Falle 1560 m, genannt; das wäre eine noch relativ rasche Welle in der Größenordnung von Zehntel-Hertz und Sekunden.

Man könnte sich vorstellen, daß im Föhnstrom selbst oberhalb der Inversion herrschende schnellere Wellen nahe der unteren Hörgrenze beim Auftreffen und Eindringen in die Kaltluft gebremst und in Wellen noch geringerer Frequenz verwandelt werden. Wir dürfen dabei nicht vergessen, daß die Anschauungen über die Wirksamkeit der langen Wellen von mehreren Minuten Schwingungsdauer in dem orographisch besonders geformten ausgesprochenen Föhngebiet von Innsbruck unterhalb einer Inversion gewonnen worden sind, während im Davoser Hochtal, das meist oberhalb einer Inversion liegen dürfte, bei Föhnlagen diese ausgeprägten Verhältnisse in Kaltluft nicht oft eintreten werden. Es sind also weitere Ergebnisse planmäßiger Forschung in dieser Richtung abzuwarten.

Physiologisch ist nach den Versuchen von W. Schmidt und den Angaben von de Rudder (1) anzunehmen, daß die v. Fickerschen Druckwellen des langwelligen Infraschalls sowohl die Reiz- und Unterschiedsschwelle für den Tastsinn (Drucksinn) als auch für die Rezeptoren im Ohrlabyrinth überschreiten. Die Aufnahme der Föhndruckwellen im Ohrlabyrinth ist nach de Rudder der wahrscheinlichere Weg.

Nähere Betrachtung der anatomischen und physiologischen Möglichkeiten dieses Weges vom empfangenden Labyrinth zum Zentralnervensystem und zum vegetativen System läßt folgendes Bild entwerfen, das im wesentlichen auf den Darstellungen von de Rudder (1), Güttich (5) und de Crinis (6) beruht:

Im Labyrinth ist der perilymphatische Raum der Bogengänge und des Utriculus von dichten Bindegewebsbälkchen durchzogen, während Schnecke und Sacculus im bindegewebsfreien Teil des Labyrinths liegen; nur in diesem können Steigbügelbewegungen durch Schall- und Druckwellen auf die Perilymphe von Sacculus und Schnecke übertragen werden.

Versuche an Gründlingen (5) ergaben folgendes: nach Entfernung des Bogengangsblocks mit Utriculus reagierten die Fische noch auf Druckdifferenzen des Wassers, nach Entfernung der Pars inferior mit dem Sacculus waren die feinen Reaktionen auf Druckerhöhung oder -verminderung aufgehoben, die Statik blieb ungestört. Dem Sacculus-Abschnitt kann deshalb eine Art von barometrischer Funktion zugesprochen werden.

Von der Macula sacculi leitet der Nervus sacculi die Erregung über das Ganglion vestibuli in die Bahn des Nervus vestibuli. Über dieses Ganglion ziehen ferner der Nervus ampullae posterioris und der Nervus utriculo-ampullaris aus den Rami utriculi, ampullae superioris und ampullae lateralis. Ob vom Sacculus als barometrischem, vom Utriculus und den Bogengängen als statischem Organ (Kompaß) die Nervenleitungen gesondert ins Zentralnervensystem gehen und dort gesonderte Kernbezirke erreichen, ist nicht bekannt.

Der Nervus vestibuli endet primär in der Area vestibularis am Boden der Rautengrube, bestehend aus dem Nucleus terminalis lateralis (D e i t e r s), medialis (S c h w a l b e) und dorsalis (B e c h t e r e w). Aus dem Deitersschen Kern entspringt der Tractus vestibulospinalis, die für die Körperhaltung maßgebende Reflexbahn zu den motorischen Vordersäulenzellen des Rückenmarks; durch sie beeinflußt der Vestibularapparat die Muskeln des Halses, des Rumpfes und der Gliedmaßen.

Vom Tractus vestibulospinalis ziehen nun Verbindungen zur Formatio reticularis, jenen Ganglien mit quer- und längsverlaufenden Neuriten, die sich vom verlängerten Mark bis ins Mittelhirn verbreiten und in Gruppen neben den Hirnnervenkernen anhäufen. Wir unterscheiden drei Zellgruppen: 1. den Nucleus reticularis inferior im Areal des Vagus, vorwiegend viscerale Reflexe übertragend, 2. den Nucleus reticularis medius in der frontalen Ebene der Statoacusticus- und Facialiswurzeln, ein Eigenapparat in Beziehung zu den Vestibulariskernen, und 3. den Nucleus reticularis superior, den roten, beim Menschen motorischen Kern (6).

Durch die Verbindung zur Formatio reticularis als Teil des vegetativen Nervensystems hat der Vestibularapparat Einfluß auf die Atmungs- und Gefäßzentren (5).

Aus dem Nucleus medialis (S c h w a l b e) laufen Bahnen für den Tractus vestibulolongitudinalis und vestibulo-reticularis (H e l d bei 5). Der erste durchquert die Formatio reticularis, innerviert kollateral die Abducenskerne und biegt ins hintere Längsbündel ein; seine aufsteigenden Fasern enden in den Augenmuskelkernen. Die Fasern des andern, des Tractus vestibulo-reticularis sind rein reflektorisch; sie enden zum großen Teil im Vaguskern und erklären das Auftreten von Übelkeit und Erbrechen nach Labyrinthreizung. Ein aufsteigender Teilzug dieser Bahn reicht bis ins Mittelhirn zum roten Kern und zum ventrolateralen Thalamuskern. Von hier ziehen Fasern zur Körperfühlsphäre des Großhirns.

Durch die Verbindungen zu den vegetativen Zentren des Hypothalamus hat der Vestibularapparat also Einflußmöglichkeiten auf Wasserhaushalt, Kohlehydratstoffwechsel, Fettansatz und Fettverbrauch, Wärmeregulation, Blutzirkulation, Magen-, Darm- und Blasentätigkeit, Genitalfunktion, Steuerung des Schlaf- und Wachzyklus, ja auf die regulierende Funktion des Zwischenhirns auf die Großhirnrinde mit ihren engen Beziehungen zur Psyche (8).

Durch Beobachtung am Menschen und durch Tierversuch ist bisher lediglich folgendes nachgewiesen: d e C r i n i s und U n t e r b e r g e r (5) erzielten durch kalorische Reizung des Vestibularorgans bei intaktem Aufnahmeapparat nicht nur die bekannten Symptome: Nystagmus, Vorbeizeigen, Schwindelgefühl, sondern auch Veränderungen in der Blutverteilung; ferner sind dabei Blutdruckschwankungen zu beobachten. M o o r e (bei 5) sah bei Schädigung der Vestibularis-Kerne Tonusverminderung der Muskulatur und Herabsetzung der Körpertemperatur. Bei Vasoneurotikern mit vestibulärem Schwindel sind häufig Magen-Darm-Spasmen zu beobachten (5).

Am wichtigsten dürfte nach d e C r i n i s (6) die vestibuläre Beeinflussung des vegetativen Nervensystems in ihrer Bedeutung für die Blutverteilung sein. Damit scheint nicht nur die Grundlage für alle vom Zwischenhirn gesteuerten Stoffwechselvorgänge gegeben, sondern auch für psychophysiologische Geschehnisse von den Gemütsbewegungen bis zu pathologischen Affekten (Föhn- und Scirocco-Delikte). „Das Blut ist durch seine Verteilung bestimmend für den Ablauf der Funktionen und somit das Element, welches schließlich höchste Leistungen des Nervensystems ermöglicht."

Für diese Lebensvorgänge sind jedoch nicht nur Sinnesorgane, zentrales und vegetatives Nervensystem verantwortlich zu machen, sondern das ganze vegetative System, also auch sein endokriner Teil. Erzeugt doch die vom vegetativen System beeinflußte Zelle die Hormone, die vom Blut wiederum den Zentren des vegetativen Nervensystems zugeführt werden.

Insbesondere steht der Hypothalamus in inniger Wechselbeziehung zur Hypophyse; er bildet mit ihr eine geschlossene funktionelle Einheit, das Hypophysen-Zwischenhirn-System. Hypophysäre Inkrete wandern im Hypophysenstiel aufwärts in das Tuber cinereum und beeinflussen die dort liegenden vegetativen Zentren; andererseits wird die Hypophyse in ihrer endokrinen Tätigkeit wie alle andern endokrinen Drüsen vom Hypothalamus beeinflußt. Nach O. F o e r s t e r (8) dürfte dafür nicht so sehr der unmittelbare Weg direkter infundibulo-hypophysärer Nervenfasern benutzt werden, sondern wie bei allen andern endokrinen Drüsen der gleiche weite Umweg der dienzephalobulbo-spinalen Bahnen und der an sie angeschlossenen peripheren, sympathischen und parasympathischen Nerven. Auch auf diese Verbindungswege können Umweltreize, wie das Wetter, einwirken.

Daß unter den Sinnesorganen gerade dem Vestibularapparat als Empfänger der das ganze verwickelte Getriebe des zentralnervösen und vegetativen Systems in Gang setzenden Erregung eine besondere Rolle zukommt, läßt vielleicht folgender merkwürdiger Umstand ahnen: das erste Auftreten eines zentralen Nervensystems in der Tierreihe knüpft gerade an die Ausbildung eines Gleichgewichtsorgans an, ja das zuerst erscheinende zentralisierte Nervensystem stellt unmittelbar den zentralen Teil des Gleichgewichtsorgans dar (9).

Nach allem können wir für die A u s l ö s u n g der F ö h n s y m p t o m e und verwandter Erscheinungen, wie G e w i t t e r- und W e t t e r f ü h l i g k e i t durch D r u c k w e l l e n mit dem Wege über das O h r l a b y r i n t h, besonders seinen für barometrische Schwankungen elektiv empfindlichen Sacculusteil zu den v e g e t a t i v e n Z e n t r e n und e n d o k r i n e n D r ü s e n rechnen, für d i r e k t e E i n w i r k u n g e n a n d e r e r m e t e o r o l o g i s c h e r E l e m e n t e, wie Temperatur, Strahlung, Zugluft usw., mit p e r i p h e r an den E m p f a n g s s t e l l e n d e r s y m p a t h i s c h e n u n d p a r a s y m p a t h i s c h e n N e r v e n i n H a u t u n d S c h l e i m h ä u t e n beginnenden Bahnen. Beide Wege stehen miteinander in lückenloser Verbindung.

Diese anatomischen und physiologischen Möglichkeiten für Aufnahme, Leitung und Wirkung von Druckwellen besonderer Frequenz und Stärke sind nach dem Stande des heutigen Wissens geeignet, das bis vor kurzem noch über den Problemen der Föhnempfindlichkeit, Gewitter- und Wetterfühligkeit lastende Dunkel etwas zu erhellen.

Nach der Darstellung de Rudders (1) überwiegen bei den Föhnfolgen zunächst die vom Parasympathicus hergeleiteten Vorgänge. Mit gesteigertem Tonus dieses Systems sind eine Reihe von Föhnsymptomen zu erklären: Verstärkung der Darmtätigkeit bis zu spastischer Obstipation und zu Koliken, Krampf der Bronchialmuskulatur bis zum Bronchialasthma, Änderungen der Blutverteilung und des Blutdruckes und dadurch bedingte Allgemeingefühle, cardiales Asthma als Folge geringerer Coronardurchblutung, Müdigkeit infolge von Drosselung der Hirn- und Kreislauftätigkeit, Harnverminderung mit erhöhter Konzentration.

Wir finden also wichtige Zeichen, die wir bei Labyrinth-Reizung zu sehen bekommen, unter den Föhnsymptomen wieder, vor allem die Kreislaufveränderungen.

Dabei ist aber, wie de Rudder (1) ebenfalls betont, die augenblickliche Reaktionslage neben sonstigen seelischen und körperlichen Zuständen der Einzelperson, konstitutionellen Faktoren, Lebensalter, Tagesrhythmen und Einflüssen der Jahreszeit zu beachten. Außerdem kann anfängliches Überwiegen des Parasymphaticotonus automatisch abgelöst werden durch den Antagonisten Sympathicus.

Das alles macht das Föhn- und Wetterproblem, ärztlich gesehen, außerordentlich verwickelt; beinahe jeder Einzelfall verlangt eine Sonderanalyse.

Als vorläufiges Ergebnis ist jedoch zu buchen, daß die v. Fickersche Hypothese der biologischen Wirksamkeit vom Föhn erzeugter Druckwellen eine brauchbare Arbeitsgrundlage darstellt, auf der Beobachtungen an Empfindlichen und Kranken mit gleichzeitigen meteorologischen Feststellungen und Versuche im Laboratorium mit sehr viel größerer Aussicht auf Erfolg aufgebaut werden können, als das bisher möglich war.

Vom Meteorologen eingerichtete und beaufsichtigte Variographen-Registrierungen, immer unter Berücksichtigung des Gesamtwetters und der Örtlichkeit gewertet, müssen nun an genügend zahlreichen, aber einwandfrei beobachtenden Stationen gleichzeitig mit ärztlichen Untersuchungen in Gang gebracht werden. Die Ohren- und Nervenärzte werden dabei ein gewichtiges Wort mitzureden haben.

Erst wenn ausreichendes Beobachtungsgut gesammelt ist, wird wieder darüber zu sprechen sein, ob die Druckwellen auch für andere Zustände als die Föhnkrankheit, die Wetter- und Gewitterfühligkeit in Anspruch genommen werden dürfen.

Im Gegensatz zu älteren ärztlichen Schilderungen (bei 1) werden neuerdings z. B. rheumatische Anfälle unter den Föhnfolgen kaum erwähnt. Auch für diese muß jedoch ein Faktor angenommen werden, der genau wie bisher nur die Druckwellen die Forderung erfüllt, im Zimmer und Bett wirksam zu sein und sich zeitlich gut fixieren zu lassen. Hier sind eigens darauf gerichtete Untersuchungen nötig, die wohl mit allen Vorsichtsmaßregeln und strengster Kritik nur in eigenen Rheumakliniken erfolgreich zu unternehmen wären. Diese hätten hier neben ihrer praktischen eine dankbare und für die Praxis der rheumatischen und Erkältungskrankheiten wiederum wichtige wissenschaftliche Aufgabe zu lösen.

Wegweisend sind in diesem Zusammenhang ältere Versuche von Schliephake und Straßburger (10); sie fanden schon bei geringer Schädigung der Ganglienzellen, besonders in der Gegend des IV. Ventrikels im dorsalen Vaguskern Labilität der zentralen Wärmeregulation, Unsicherheit der Regulation mit auffallend starken Tagesschwankungen und Unfähigkeit, sich an die Schwankungen der Außentemperatur anzupassen. Schliephake schließt daraus, daß das Auftreten von Erkältungskrankheiten nicht direkt abhängig sei von thermischen Wetterfaktoren, sondern daß diese nur wirken, wenn vegetative Zentren (dorsaler Vaguskern) irgendwie geschädigt sind. Ob unsere Druckwellen eine solche Schädigung herbeiführen können, wäre zu untersuchen; für die bei „freiem Föhn“ beobachtete Häufung von Erkältungskrankheiten würde dadurch eine neue Erklärungsaussicht gegeben sein.

Beachtung verdient hier auch der Hinweis Jul. Bauers (11), daß „rheumatische“ und „neuralgische“ Schmerzen nach Exstirpation oder Schädigung von Hals- und Brustganglien, nach Durchschneidung der Rami communicantes von C_7, C_8 und D_1 ausgesprochen von klimatischen Einflüssen abhängig seien.

Die beherrschende Stellung des Zentralnervensystems auch im rheumatischen Geschehen haben in neuerer Zeit besonders Ricker (12) und Speransky (bei 13) hervorgehoben. Ihre Anschauungen, die bekanntlich Veil und Sturm weitgehend ausgebaut haben, werden auch für die Behandlung des Fragenkomplexes Wetter-Rheuma manche Maßstäbe enthalten.

Darüber hinaus dürfte die Beobachtung der unvermeidbaren, auf der ganzen Erde zu findenden Wirkungen von Wetter und Klima sich zu ihrem Teile eignen, auch der für unsere Auffassung vom Wesen der Krankheit so wichtigen Bestimmung der „Abwehrbreite“ im Sinne von Strecker (14) zu dienen.

Die unmittelbar zu ziehende Folgerung aus der Theorie v. Fickers ist für uns Ärzte die, daß wir den Auslösungspunkt von Wettervorgängen nicht nur an der Peripherie unseres Körpers, sondern vor allem im Zentralnervensystem zu suchen haben; von hier läuft die Erregung ins vegetative Nervensystem und den endokrinen Apparat, um je nach deren Reaktionslage die Erscheinungen in den Erfolgsorganen hervorzurufen.

Noch ist freilich bei unseren Überlegungen vieles Gedanken- und Stückwerk, aber in den angedeuteten Richtungen vorgehende Forschung wird zweifellos bedeutsame Ergebnisse fördern.

Zusammenfassung:

1. Von den verschiedenen Theorien der Wetterwirkung auf den Menschen ist die v. Fickersche Anschauung der vom Föhn erzeugten Druckwellen in der Größenordnung von Infraschallwellen geeignet, die die Föhnbeschwerden auslösenden meteorologischen Bedingungen zu erklären.

2. Das Empfangsorgan für diese Druckwellen ist das Ohrlabyrinth.

3. Vom Vestibularapparat wird die Erregung zu den vegetativen Zentren und endokrinen Drüsen geleitet. Art und Umfang der Reaktionen auf Wettervorgänge wird im Zentralnervensystem entschieden.

4. Weitere Forschung kann nur in planmäßiger Zusammenarbeit von Ärzten und Meteorologen an instrumentell entsprechend ausgestatteten Klimastationen Erfolg haben.

Schrifttum:

(1) v. Ficker und de Rudder, Föhn und Föhnwirkungen. Leipzig 1943. Akad. Verl. Ges. Becker u. Erler.

(2) Flach, Atmospärisches Geschehen und witterungsbedingter Rheumatismus. Dresden u. Leipzig 1938. Th. Steinkopff.

(3) Scheminzky, Die Welt des Schalles. 2. Aufl. Salzburg 1943. Verl. „Das Bergland-Buch".

(4) Mörikofer, zit. bei Schmid, Biologische Wirkungen der Luftelektrizität. Bern-Leipzig 1936. G. Haupt.

(5) Güttich, Neurologie des Ohrlabyrinths. Leipzig 1944. G. Thieme.

(6) de Crinis, Das vegetative System in seinen Beziehungen zu den klinischen Krankheitserscheinungen. Leipzig 1944. G. Thieme.

(7) Denker-Kahler, Hdb. der Hals-Nasen-Ohren-Heilkde. VI. Berlin-München 1926.

(8) Foerster, O., Neue dtsch. Klinik 16, 44—64. 260—299. 1939.

(9) Rauber-Kopsch, Lehrb. u. Atlas der Anatomie des Menschen III. 16. Aufl. Leipzig 1943. G. Thieme.

(10) Schliephake, Behandlung rheumatischer Erkrankungen mit Ultra-Kurzwellen. Dresden-Leipzig 1938. Th. Steinkopff.

(11) Bauer, Der sogenannte Rheumatismus. Dresden-Leipzig 1929. Th. Steinkopff.

(12) Ricker, Das Zentralnervensystem und die rheumatisch genannte akute Polyarthritis mit ihrem Zubehör. Dresden-Leipzig 1938. Th. Steinkopff.

(13) v. Roques, Dtsch. Gesdh. Wes. 1946, 120.

(14) Strecker, Dtsch. Gesdh. Wes. 1946, 150.

Anschrift des Verfassers: (10) Bad Elster. Rheuma-Heilanstalt.

Über magnetische Orientierung

Von R. Bock, Potsdam

Wenn eine Naturerscheinung dienstbar gemacht werden soll, kann der Erfolg nur unter der Voraussetzung sicher sein, daß die auf Forschung und Erfahrung beruhenden Regeln beachtet werden. Ist es jedem, auch dem, der dem betreffenden Fachgebiet fernsteht, erlaubt, eigene Theorien zu entwickeln, Mißerfolge nach Gutdünken Launen der Natur zuzuschreiben oder geheimnisvolle Kräfte anzunehmen, fehlt die Veranlassung, nach Fehlern zu suchen, die sich bei objektiver Betrachtung bald ergäben.

„Die Natur hat schuld", so wurde bei dem deutschen Heer ein Versagen der Anwendung der Magnetnadel zur Richtungsbestimmung oder -festlegung begründet. „Magnetische Gewitter" wurden so häufig als Ursachen von Fehlweisungen angenommen, daß kaum noch störungsfreie Zeiten übrigblieben. Die Druckvorschriften erlaubten „wegen der Unsicherheit der Magnetnadel" ihre Anwendung „nur im Notfalle". Diese Notfälle traten aber unter dem Zwang der örtlichen Verhältnisse so häufig ein, daß sie zur Regel wurden.

Obgleich führende Persönlichkeiten des militärischen Vermessungswesens die Bedeutung und die Zuverlässigkeit magnetischer Richtverfahren bezweifelten, behielten die vielen sogenannten Richtkreise*) ihre Magnetnadel, trotzdem wurden für Kraftfahrzeuge Führungskompasse ausgegeben, Karten mit Linien gleicher Nadelabweichung**) hergestellt und topographische Karten mit magnetischen Angaben übertriebener Genauigkeit versehen. Es genügte, daß Bussoleninstrumente und magnetische Angaben vorhanden waren.

Neben dem Schaden, den das Unternehmen selbst durch die fehlerhafte magnetische Orientierung erleidet, wird der Wert und die allgemeine Bedeutung der praktischen Verwendung des Erdmagnetismus beeinträchtigt. Es ist Pflicht der Vertreter des Faches, die Fehler aufzudecken und zu beseitigen.

*) Ein Richtkreis ist ein kleiner Theodolit, an dessen Feinverstellschraube die Einstellung am Azimutalkreis auf 1⁻ = 3.38′ genau abgelesen werden kann. Er besitzt eine Kastenbussole, dessen Magnetnadel auf einer Pinne gelagert ist. Zum „Einspielen" wird die Magnetnadel mit einem Teilstrich in eine Gerade gebracht. Dies läßt sich mit einem kleineren Fehler als ± 0.1° beobachten.

**) Nadelabweichung ist der Winkel zwischen Magnetisch-Nord und Gitter-Nord.

Für das Hauptverwendungsgebiet des Erdmagnetismus, seine Verwendung zur Richtungsbestimmung, müssen zwei grundlegende Forderungen, und zwar beide gleichzeitig, erfüllt sein:

1. Die Magnetnadel muß die Richtung der horizontalen Komponente der erdmagnetischen Kraft richtig anzeigen, und diese Richtung muß fehlerfrei in das Gelände übertragen werden können.
2. An dem Ort, an dem mit der Magnetnadel eine Richtung bestimmt oder festgelegt werden soll, muß der Winkel bekannt sein, den die magnetische Horizontalintensität mit einer festen Bezugsrichtung bildet.

Es ist allgemein üblich, mit Magnettheodoliten mindestens vor und nach jeder Vermessungsreise in einem Observatorium zu messen und die Korrektionsgrößen und Anschlußkonstanten zu bestimmen. Bei der Messung der Deklination ergibt sich fast immer eine Differenz, um die die mit dem Reisetheodoliten gemessene Deklination von dem Wert des Observatoriums abweicht. Auch die Observatorien, die mit größter Präzision messen, erhalten bei den an sich so einfach erscheinenden Deklinationsmessungen keine völlige Übereinstimmung der Grundwerte. Allerdings sind die Differenzen z. B. gegen den durch das Carnegie-Institut Washington eingeführten Internationalen Magnetischen Standard*) nur gering. Ihre Absolutbeträge liegen bei rund 80 % der Observatorien unter 1′ und allgemein unter 2′.

Bei den speziellen Instrumenten für magnetische Messungen sind im Prinzip möglichst alle Fehlerquellen von vornherein beseitigt. Magnet und terrestrisches Ziel werden durch dasselbe Fernrohr beobachtet; der

*) L. A. Bauer and J. A. Fleming, Results of Comparisons of Magnetic Standards, 1905—1914. Researches of the Department of Terrestrial Magnetism, Land Magnetic Observations 1911—1913, and Reports on Special Researches, Washington D. C. 1915. S. 211—278. (Publication 175, Vol. II.)

Magnet wird umgelegt, damit außer der Spiegelkollimation auch die Abweichung der geometrischen von der magnetischen Achse eliminiert wird. Bei Richtkreisen und geodätischen Theodoliten sind aber Fernrohr und Bussole ursprünglich voneinander unabhängig. Ihre gegenseitige Stellung muß durch ein Justiergerät oder ein Justierverfahren festgelegt werden.

Eine kleine Anzahl von Instrumenten ständig unter Kontrolle zu halten, ist verhältnismäßig einfach. Erheblich schwieriger ist es aber, sehr viele tausend Geräte zu justieren, die in Europa verteilt ständig in Bewegung sind.

Die zweite Forderung nach vollständiger Kenntnis der gegenwärtigen magnetischen Deklination in ganz Europa und Nordafrika konnte ebenfalls nicht ohne weiteres erfüllt werden. Nicht überall ist die Dichte der magnetischen Stationen so groß, daß die Deklination mit der erforderlichen Genauigkeit angegeben werden kann. Schon für Deutschland müssen, um ein einigermaßen dichtes Netz zu erhalten, Messungen berücksichtigt werden, die im Laufe der letzten hundert Jahre durchgeführt sind.

In Unkenntnis, welchen Zwecken bestimmte magnetische Karten dienen sollen, waren aus den Übersichtskarten, die von der Deutschen Seewarte*) bearbeitet sind und die den völlig ausgeglichenen Verlauf der Isogenen ohne jede Berücksichtigung von Störungsgebieten darstellen, durch Einschiebung von Zwischenwerten und Vergrößerung des Maßstabes Isogonenkarten hergestellt worden. Aber diese Karten waren wertlos. Schon der Hinweis auf die weltbekannte Anomalie von Kursk, deren Gebiet auf diesen Karten von wohlgeformten gleichmäßigen Isogenen überzogen war, rechtfertigt diese Beurteilung.

Den beiden Haupterfordernissen, zu denen im Laufe der Zeit immer mehr hinzukamen, konnte nicht ohne eine spezielle Organisation entsprochen werden. Nachdem die Fehler und Versäumnisse bewiesen waren, wurde mit der sogenannten Magnetmeßbatterie 653 eine Spezialeinheit aufgestellt, die sich in bürokratischer Hinsicht nur schwer in das Wehrmachtsgefüge einschalten ließ, die aber dafür um so ungestörter den fachlichen Bednürfnissen gerecht werden konnte.

Die Magnetmeßbatterie bestand aus 26 Magnetmeßtrupps zu je fünf Mann und drei Truppenmagnetwarten zu je 10 Mann. Jeder Magnetmeßtrupp hatte einen, jede Truppenmagnetwarte zwei Lastkraftwagen.

Für die beiden Hauptaufgaben, die zunächst zu erfüllen waren, nämlich die Justierung aller Bussolengeräte und die Messung der Deklination in allen Operationsgebieten, war jeder Trupp mit zwei Deklinationstheodoliten ausgerüstet. Diese waren der früheren Konstruktion von G. Schulze, Potsdam**) nachgebildet. Bei ihrer speziellen Ausführung wurden aber, soweit es die Materialverhältnisse erlaubten, alle bisherigen Erfahrungen berücksichtigt. Jedem Theodoliten waren zwei Pinnenmagnete beigegeben.

*) Weltkarten, entworfen von der Deutschen Seewarte, mit Linien gleicher Deklination, Dietr. Reimer, Berlin.

**) Ad. Schmidt, Ergebnisse der von der Trigonometrischen Abteilung des Generalstabs in den Jahren 1905—1908 in dem preußischen Störungsgebiet angestellten Deklinationsmessungen. Tätigkeitsbericht d. Preuß. Meteorolog. Inst. 1910, S. 159—162. — Ad. Schmidt, Die magnetische Deklination in West- und Ostpreußen nach den Messungen der Trigonometrischen Abteilung der Landesaufnahme des Großen Generalstabs in den Jahren 1905—1913. Abh. d. Preuß. Meteorolog. Inst. VII. 4, 1922.

Der Teilkreis des Theodolits war in ganze Neugrade geteilt. Die Einstellung wurde durch zwei diametral gegenüberliegende Schätzmikroskope abgelesen, deren Okularskala zehn Teilstriche enthielt. Die zehn Teilstriche umfaßten einen Neugrad. Es konnte somit ein hundertstel Neugrad gut geschätzt werden.

Die Magnetnadel war ein röhrenförmiger Pinnenmagnet, der an beiden Enden je einen Spiegel trug und umgelegt werden konnte. Seine Einstellung wurde mit dem Fernrohr durch Autokollimation beobachtet. Ein Intervall zwischen zwei Teilstrichen der Okularskala hatte bei direkter Sicht einen Winkelwert von $0{,}2^{g}$, bei Reflexion durch den Spiegel des Pinnenmagnets von $0{,}1^{g}$ und war somit dem Winkelwert der Skala der Schätzmikroskope angepaßt.

Obgleich auf Planparallelität der Spiegel und Verschlußgläser geachtet wurde und alle Teile der Instrumente mit den verfügbaren Mitteln auf magnetische Unwirksamkeit geprüft wurden, verblieb trotzdem in den meisten Fällen eine kleine Differenz von weniger als 0.1^{g}, um die die mit den Theodoliten gemessene Deklination von dem Wert des Observatoriums abwich. Diese Differenz wurde bei allen Messungen berücksichtigt. Gesetzmäßigkeiten ergaben sich, wenn die einzelnen Ergebnisse der Deklinationsmessungen miteinander verglichen wurden, die mit verschiedenen Pinnenmagneten mit demselben Instrument von Norden und von Süden aus erhalten wurden. Das Gesamtergebnis aus vier vollständigen Beobachtungssätzen:

1. Pinnenmagnet I, Nordspiegel
2. Pinnenmagnet I, Südspiegel
3. Pinnenmagnet II, Nordspiegel
4. Pinnenmagnet II, Südspiegel

ergab nämlich einen auf fast 0.01^{g} zuverlässigen Wert, da die Mittel aus den Sätzen 1. und 2. und den Sätzen 3. und 4. sehr wenig voneinander abwichen.

Bei der Anordnung der Meßschemata wurde berücksichtigt, daß das Erreichen und das Aufsuchen des Meßpunktes viel Zeit erfordert und daß nur eine sorgfältig ausgeführte Messung und ein daher zuverlässiges Ergebnis den gesamten Aufwand rechtfertigt, auch wenn die Messung selbst mehr Zeit erfordert, als es unbedingt notwendig ist.

Die Trupps waren mit Verzeichnissen oder Übersichten der bereits vorliegenden Magnetmeßpunkte versehen. Sie hatten ihre neuen Punkte in das bestehende Netz einzufügen, aber auch an möglichst vielen der alten Punkte Wiederholungsmessungen auszuführen.

In den Jahren 1942 bis 1945 wurde von den Magnetmeßtrupps die Deklination gemessen in Norwegen, Finnland, Rußland, Estland, Lettland, Polen, Deutschland, Holland, Belgien, Frankreich, Italien, Österreich, in der Tschecho-Slowakei, in Rumänien und in Griechenland.

Norwegen, Holland, Italien, Griechenland, Rumänien und Ungarn stellten die Ergebnisse eigener Messungen, die noch nicht veröffentlicht waren, zur Verfügung.

Das Material, das hierdurch zusammenkam, bildete mit den veröffentlichten Vermessungsergebnissen die Grundlage für die neu zu bearbeitenden Karten mit Linien gleicher Deklination und Nadelabweichung. Sie wurden nach einem großzügigen Plan hergestellt, der ohne große zusätzliche Arbeit stets Berichtigungen und Ergänzungen erlaubte.

Als Grundkarten wurden gewählt:

1. die Internationale Weltkarte im Maßstab 1 : 1 000 000 und
2. die Übersichtskarte von Mitteleuropa im Maßstab 1 : 300 000.

Das bearbeitete Gebiet wurde allmählich ausgedehnt auf ganz Europa, Kleinasien und Nordafrika, wobei die spätere Verwertung aller Ergebnisse und Bearbeitungen für friedliche Zwecke ein richtungsweisendes Leitmotiv war.

Viel ist geschafft worden, aber das Vermessungsprogramm für das gesamte angegebene Gebiet ist bei weitem nicht erledigt worden. Viel bleibt noch zu tun übrig, wenn das Vorhaben in der begonnenen Weise fortgeführt wird*).

Die Arbeiten der Magnetmeßbatterie 653 verdienen Anerkennung. Es ist kein Fall bekannt geworden, daß die steten Ermahnungen mißachtet worden wären, den ausländischen Fachinstituten die erforderliche Achtung entgegenzubringen, und stolz zu sein, an einem Unternehmen mitwirken zu können, das in jedem Fall seinen internationalen Wert behält.

Die Forderung nach einwandfreien Bussoleninstrumenten wurde nach einer sehr einfachen Methode erfüllt. Die rund hundert Deklinationstheodolite der Magnetmeßtrupps waren gewissermaßen Normalinstrumente, da nur $1^{-} = 3.38' = 0.056° = 0.062^{g}$ Genauigkeit gefordert zu werden brauchte und diese mit den Instrumenten gut erreicht wurde. Die ständige Überwachung der Theodolite, ihre gegenseitigen Vergleiche und die Messung mit je zwei Pinnenmagneten bei jedem Instrument verbürgten eine noch größere Sicherheit der mit ihnen erhaltenen absoluten Deklinationswerte.

Für viele Meßpunkte wurde nach den Vermessungsergebnissen der Deklinationstheodoliten das magnetische Azimut einer Mire**) für eine bestimmte Epoche angegeben. Dieses wurde mit den zu prüfenden Bussoleninstrumenten, den Richtkreisen und den geodätischen Theodoliten, gemessen.

Gemessenes Azimut minus mittlerem Sollwert des mgnetischen Azimuts plus zeitlicher Variation der östlichen Deklination ergibt die Korrektion eines rechtsherum geteilten Bussoleninstrumentes, um die nach Einspielen der Magnetnadel die Kreisablesung geändert werden muß, damit das Fernrohr nach Magnetisch-Nord gerichtet ist.

Wie notwendig die Justierung war, ergibt sich aus einer Abbildung, in der für vier Gruppen von vielen tausend Richtkreisen die prozentuale Verteilung der Justierungsfehler angegeben ist. Sie liegen zwischen -15^{-} und $+10^{-}$, sie verteilen sich mithin auf einen Bereich von $1^{1}/_{2}°$. Vereinzelt ergaben sich Korrektionen bis zu 5°.

Die Richtkreise, die den überwiegenden Anteil der Bussoleninstrumente bildeten, wurden besonders an ihren Häufungsstellen geprüft, bei den Herstellerfirmen, bei allen Reparaturwerkstätten und bei den Lagern. Wenn die Vorräte es erlaubten, wurde für bestimmte Abschnitte und Bereiche ein Austausch angeordnet.

Unter dem Zwang der Materialschwierigkeiten mußten die geodätischen Theodolite mit eisernen Stehachsen versehen werden. Die Bussole mit einer etwas übersteigerten optischen Ablesegenauigkeit ist exzentrisch angebracht. Ist der magnetische Einfluß der Stehachsen konstant, kann er berücksichtigt oder beseitigt werden. Es konnte aber vermutet werden, daß die Induktion der vertikalen Erdfeldkomponente die Korrektion beeinflußt. Versuche, bei denen das vertikale Erdfeld um 1 Oe verstärkt und geschwächt wurde, bestätigten die Vermutung. Die Ablenkung der Bussolennadel betrug folgerichtig rund $+1°$ oder $-1°$, je nachdem vorher positives oder negatives Feld erzeugt war. Vor der Verwendung geodätischer Theodolite mit eisernen Achsen für magnetische Orientierung mußte daher und muß gewarnt werden, wenn die Genauigkeit verlangt wird, die die optische Einrichtung der Bussole vortäuscht.

Die Erfahrungen bei der Anwendung der Magnetnadel für Orientierungszwecke in der riesenhaften Organisation der letzten Jahre haben ergeben, daß eine Sicherheit von 0.1° erreicht werden kann, wenn alle Fehlerquellen berücksichtigt werden.

Bei Fortbewegung im Gelände nach magnetischer Richtungsangabe treten gegenüber der Navigation auf See neue Probleme durch den beschränkten Raum in Kraftfahrzeugen und durch die stärkere Zusammenballung von Eisenmassen in der Nähe der Kompasse auf. Besondere Organisation erfordert es, einzelne Kraftfahrer mit der ihnen meistens völlig fremden Kompensation von Kompassen vertraut zu machen.

Anschrift des Verfassers: (2) Potsdam, Stiftstraße 1.

*) Die Darlegung der Ergebnisse der Vermessungen und der Bearbeitungen muß einer weiteren ausführlichen Veröffentlichung vorbehalten bleiben.

**) Als magnetisches Azimut einer Mire wird das Azimut von Magnetisch-Nord aus über Ost bezeichnet. Es ist gleich dem geographischen Azimut minus magnetischer Deklination, wenn wachsendes Azimut von Nord über Ost, Süd, West und östliche Deklination positiv und westliche Deklination negativ gerechnet wird.

Das Verhältnis der Niederschlagsmenge in den drei Sommermonaten zu der der drei Wintermonate in Deutschland

Von C. Kaßner, Berlin-Friedenau

mit einer Abbildung

Bereits bei dem Erscheinen des dreibändigen „Regenwerks" von G. Hellmann: „Die Niederschläge in den Norddeutschen Stromgebieten" im Jahre 1906 reizte mich die Tabelle 9, Seite 74—79, mit 35- und 50-jährigen Monatsmitteln der Niederschläge zu einer Untersuchung des Verhältnisses der jahreszeitlichen Niederschläge zueinander, doch erwies sich die Zahl der Stationen (91) als zu klein für eine Übersicht über das Deutsche Reich; ich notierte mir aber diese Aufgabe. Kürzlich kam mir der Zettel wieder in die Hände, und da nun in dem zweiten Bande der „Klimakunde des Deutschen Reiches", herausgegeben vom Reichsamt für Wetterdienst 1939, in Tabelle 40 von rund 4450 Stationen 40jährige Mittel vorlagen, so konnte für die obige Untersuchung eine wesentlich größere und gut verteilte Zahl benutzt werden. Zwar war ein Übelstand dabei, daß die oben genannte Tabelle 35- und 50jährige Mittel, dagegen die eben erwähnte Tabelle 40jährige Mittel brachte. Um zu sehen, ob diese Werte untereinander und besonders von der längsten Beobachtungsreihe, der 50jährigen, größere Unterschiede in den Mittelwerten zeigen, wurden für Berlin, das ziemlich zentral liegt, folgende Mittelwerte abgeleitet:

Berlin	Jan.	April	Juli	Okt.	Jahr
35 J. 1866—1900	39,5	34,8	72,8	50,3	573,4
40 J. 1891—1930	44,5	39,2	87,9	56,6	549,6
50 J. 1851—1900	39,1	36,2	76,9	46,3	581,3

Geht man von dem 50jährigen Mittel als normal aus. so berechnen sich die 35- und 40jährigen Mittel in Hundertteilen davon für Berlin zu:

Berlin	Jan.	April	Juli	Okt.	Jahr
35 J. 1866—1900	101,0	96,1	94,6	108,6	98,5
40 J. 1891—1930	113,8	108,2	94,7	122,2	94,4
50 J. 1851—1900	100,0	100,0	100,0	100,0	100,0

Da sich nur die 35- und 50jährigen Mittelwerte zeitlich nahezu decken, zeigen sie, wie nachstehende Tabelle lehrt, größere Übereinstimmung, als die später gelagerte 40jährige Reihe. Ihr gehören aber 48mal mehr Stationen an als jenen beiden andern, von Stationen mit 50jährigen Mitteln sogar 89mal mehr, so daß das Kartenbild sich im wesentlichen auf gleichartige Mittelwerte stützt. Insgesamt sind 438 Stationen verwendet worden.

Leider fehlen in beiden Tabellen verschiedene Gebiete, so in der Hellmannschen das ganze Donaugebiet, wofür aber die zweite Tabelle eine genügende Zahl von Stationen bietet. Im Reichsamt-Band fehlt ein großer Teil des Warthegebietes. Da es sich im wesentlichen um flache Gegenden handelt, kann man dort keine größeren Besonderheiten erwarten.

Innerhalb der schraffierten Gebiete mit der Grenzlinie 1.00 ist in den drei Sommermonaten (Juni, Juli, August) die in Regenform herabfallende Wassermenge ebenso groß wie in den drei Wintermonaten (Dezember, Januar, Februar), aber als Schnee und Regen. Entsprechend ist die Wassermenge innerhalb der Linie 2.00 (3.00) in den drei Sommermonaten doppelt (dreifach) so groß wie in den drei Wintermonaten zusammen.

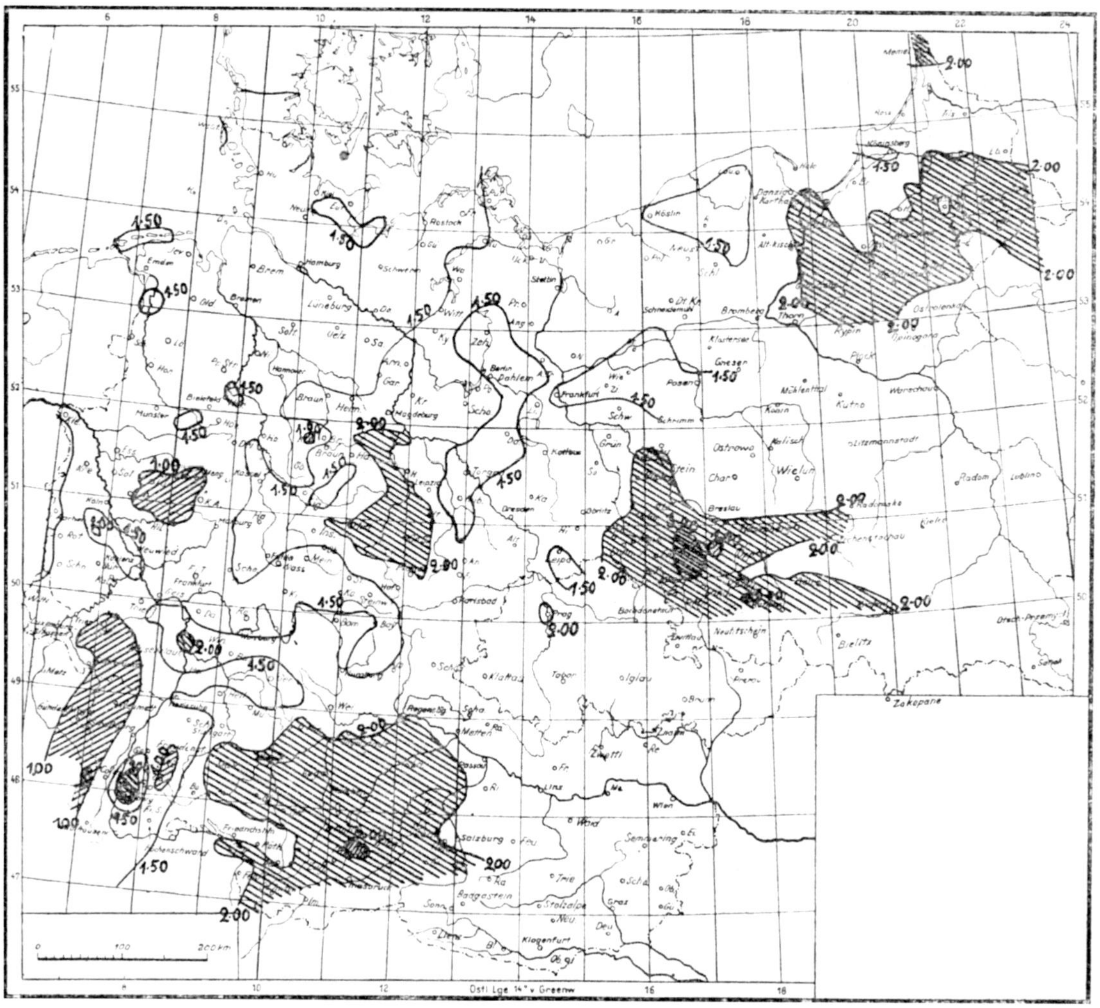

Verhältnis der sommerlichen zu den winterlichen Niederschlägen

Gleichheit findet nur im westfälischen Sauerland, im Oberharz, in den Vogesen und an der Ostseite des Schwarzwaldes statt. Von den sieben Gebieten mit der doppelten sommerlichen Niederschlagsmenge sind nur die bei Mannheim, bei Memel und am Oberrhein beim Kaiserstuhl gelegenen eng begrenzt, wogegen die Gebiete mit doppelter Menge im Sommer in Bayern-Württemberg, Harz, Schlesien und Ost-Westpreußen wesentlich größere Flächen umfassen, weil Gebirge die sommerliche Niederschlagbildung hier begünstigen; zweitens: Bayern und Oberschlesien enthalten auch noch kleinere Gebiete mit der dreifachen Sommermenge, und zwar in Bayern beim Kochel- und Walchensee und in Schlesien östlich des Eulengebirges, sowie bei Leobschütz in Oberschlesien. In Kochel fielen in den drei Sommermonaten Juni, Juli, August nicht weniger als 200, 219 und 180 mm, dagegen in den drei Wintermonaten Dezember, Januar, und Februar nur 71, 71 und 54 mm! In Leobschütz fielen folgende Monatsmaxima in den drei Sommermonaten: 178, 233 und 172 mm bei zusammen 14 . 4 Gewittertagen.

Groß ist die Anzahl der geschlosseneren Gebiete mit der anderthalbfachen Sommermenge gegenüber der Wintermenge; aber eine erhebliche Zahl von ihnen ist nur eng begrenzt, da sie sich nur auf wenige Stationen stützen: so die Ostfriesischen Inseln, dann bei Leer an der unteren und bei Gütersloh an der oberen Ems, am Weserknie bei Minden, im mittleren Thüringen (Nordhausen—Mühlhausen, am Kaiserstuhl im südlichen Baden, ferner ein schmaler Streifen von Neustrelitz über Berlin und Torgau bis Chemnitz in Sachsen, dann in West- und Ost-Sternberg östlich der Oder und schließlich in Hinterpommern (Köslin—Lauenburg—Konitz).

Weniger als die anderthalbfache Sommermenge gegenüber der Wintermenge hat der größte Teil Nordwestdeutschlands, nämlich Schleswig-Holstein, Hannover, das westliche Mecklenburg und fast das gesamte Rhein-Main-Gebiet mit Ausnahme der vorher aufgeführten kleinen Gebiete unter 1 . 50. Mehr aber als die anderthalbfache Sommermenge weisen die meisten pommerschen Stationen auf. Die Ursache dieses Unterschiedes ist offenbar in der Oberflächengestalt dieser Gebiete zu suchen. Das im wesentlichen flache Nordwestdeutschland erzeugt wenig aufsteigende und daher weniger ergiebigere Luftströmungen als z. B. das ziemlich stark hügelige Pommern.

So einfach die Fragestellung dieser Arbeit ist, so erscheint mir die Antwort für manche Gegenden doch überraschend zu sein.

Anschrift des Verfassers: (1) Berlin-Friedenau, Kaiserallee 74, I.

Über Windnamen an der bulgarischen Schwarzmeerküste

Von **Carl Kaßner**, Berlin-Friedenau

Beim Kramen fand ich in alten Briefen interessante Erklärungen von Windnamen, die an der bulgarischen Küste des Schwarzen Meeres bei den dortigen Fischern üblich sind. Der eine Brief stammt von dem Turkologen Prof. Dr. Babinger. Er schreibt:

M e l t é m , zu gewissen Zeiten regelmäßig wiederkehrende Winde aus Nordost, die im Sommer den ganzen Tag über wehen und mit Sonnenuntergang aufhören. Sie tragen die Namen von gewissen Früchten, die mit ihrer Dauer übereinstimmen, also: qabáq meltemi, das ist Kürbis-Meltém; kiráz meltémi, das ist Kirschen-meltémi. Das neugriechische meltémi stammt aus dem Türkischen.

L ó d o s , vom griechischen Notos, ist der Südwind. Es gibt verschiedene Abarten davon: báti lódosi, Südwestwind; qíbla lódosi, Südsüdwestwind; lódos pojráz ist ein Wind aus SO und NO; lódos dálghasi ist hohes, durch den SO-Wind erregtes Meer.

Q a r a j e l ist ein Landwind, da qara türkisch Festland heißt.

O s t r i a (bulg.) ist wohl verdorben aus Auster, Südwind.

Herr Prof. Weil vom Orientalischen Seminar der Preußischen Staatsbibliothek antwortet: „Der einzige Wind, der besondere Beziehung zum Schwarzen Meer hat, ist der M e l t é m , während die anderen Worte die üblichen im Türkischen gebrauchten, allgemeinen Windbezeichnungen sind. Im einzelnen sind die Bedeutungen folgende:

M e l t é m ,

1. Monsun;
2. gewisse Winde aus NO, die um Ostern bis September in den Meerengen bei Stambul (Bosporus) wehen;
3. Windstille.

L ó d o s ,

1. die Beziehung zum griechischen νοτοζ ist den türkischen Lexikographen entnommen;
2. Südwind, auch Südost- oder Südwestwind.

Herr Fregattenkapitän Skutunoff, bulgarischer Navigationsinspektor, schreibt mir: Meltém ist ein Wind, der sich mit großer Kraft periodisch an unserer Küste einstellt. Er unterscheidet sich von dem täglichen Wind dadurch, daß er plötzlich mit großer Kraft bläst. Er erzeugt einen großen Wellengang und bläst von Osten. Er ist der stärkste Wind an unserer Küste und in Abhängigkeit von der Jahreszeit, in der er bläst. Dabei trägt er verschiedene Namen, die wieder mit dem Reifen verschiedener Früchte in Zusammenhang stehen, so: Kirschen-Meltém, Melonen-Meltém (türk. Karpus-Meltém) usw.

Doch am stärksten und gefährlichsten ist er im Winter, wenn er von Nordosten bläst. Er heißt dann Dramudana (transmontana).

Lódos, weißer Wind genannt, bläst von S und SO.

Ostria ist südöstlicher, warmer Wind, der Vorbote

von schlechtem Wetter ist, so daß alle Fischer, wenn er bläst, heimkehren.

Der angenehmste Wind für unsere Küste ist der Westwind Karajol, der gewöhnlich im Sommer nach Regen erscheint und gewöhnlich ein bis drei Tage anhält.

Windverhältnisse von Warna um 8a nach dreijährigen Beobachtungen von mir berechnet:

	Nord	Nordost	Ost	Südost	Süd	Südwest	West	Nordwest
Winter	9	**21**	12	9	5	3	18	19
Frühling	12	19	**20**	10	7	3	18	19
Sommer	12	12	21	8	4	4	**25**	12
Herbst	**21**	19	13	2	1	2	20	17
Jahr	14	18	16	7	4	3	**20**	15

Personal-Nachrichten

Nachruf auf Otto Hoelper

Mit dem unerwartet schnellen Ableben des Oberregierungsrats im ehemaligen Reichsamt für Wetterdienst, Dr. Otto Hoelper, hat die meteorologische Strahlungsforschung einen schweren Verlust erlitten. Seit mehr als 20 Jahren hat sich der Verstorbene ganz überwiegend mit Strahlungsproblemen beschäftigt und dadurch unsere Kenntnisse von dem Wesen der Sonnenstrahlung nach verschiedenen Richtungen hin gefördert.

Karl Robert Otto Hoelper ist am 7. August 1893 in Uerdingen am Niederrhein geboren. Noch vor Vollendung seines Studiums der Physik — hauptsächlich unter G. G. Schmidt in Münster i. W. — zog er in den ersten Weltkrieg, aus dem er bald mit schweren gesundheitlichen Schäden zurückkehrte. Trotzdem konnte er 1919 in Münster sein Doktorexamen ablegen, mußte aber schon bald darauf zur Wiederherstellung seiner Gesundheit den Höhenkurort Riezlern im Algäu aufsuchen. Sein Wunsch, sich physikalisch zu betätigen, fand verständnisvolles Entgegenkommen bei dem Leiter der dortigen Klinik für Gelenktuberkulose, Dr. M. Backer. Letzterer ermöglichte es, daß Hoelper im Sommer 1922 in Riezlern ein Physikalisch-meteorologisches Observatorium nach dem Vorbild von C. Dorno — aber in viel bescheidenerem Umfang — einrichten und fast vier Jahre betreuen konnte. Das war der Anfang der Hoelperschen physikalisch-meteorologischen Studien. Die Früchte dieses Aufenthaltes sind in mehreren Arbeiten niedergelegt (Met. Z. *41*, 180 u. 346, 1924; Z. für physikal. Therapie *29*, 83, 1924; Z. für Geophys. *1*, 251, 1925 und *2*, 334, 1926). Hierdurch wurde Hoelper auch zu experimentellen Arbeiten angeregt. Da die Genauigkeit des Dornoschen Apparates zur Registrierung kleinster Wellenlängen nicht ausreichte, um die Intensitätsschwankungen im UV.-Spektrum schnell und sicher zu messen, ließ Hoelper durch Zeiß-Jena einen Spektrographen mit größerem Auflösungsvermögen bauen (Z. für Geophys. *3*, 184, 1927).

1925 bis 1929 war Hoelper in Aachen im Schuldienst tätig. Daneben setzte er seine Strahlungsforschungen fort und war kurze Zeit auch Assistent an dem dortigen Meteorologischen Observatorium. Nach dem Tode des damaligen Direktors Polis wurde Hoelper zum Direktor dieses Observatoriums gewählt. An der Technischen Hochschule habilierte er sich 1930 als Privatdozent. Als 1935 die meisten deutschen meteorologischen Institute in dem Reichsamt für Wetterdienst zusammengefaßt wurden, erhielt der Verstorbene eine ehrenvolle Berufung nach Potsdam als Leiter des Meteorologischen Observatoriums. Hier konnte er seine Strahlungsstudien auf wesentlich breiterer Basis fortsetzen. Über seine organisatorische Tätigkeit und seine eigenen wissenschaftlichen Arbeiten von 1935 bis 1942 hat Hoelper selbst berichtet in der Festschrift, welche aus Anlaß des 50jährigen Bestehens des Potsdamer Observatoriums in der Meteorologischen Zeitschrift (*60*, 8, 1943) veröffentlicht wurde. Hier hat sich der Verstorbene gewissermaßen einen Gedenkstein für seine wissenschaftlichen Leistungen im letzten Jahrzehnt seines Lebens gesetzt. Über Arbeiten, an denen er selbst starken persönlichen Anteil hatte, heißt es in der Festschrift u. a.: „Über die Bestimmung der atmosphärischen Trübung durch Filtermessungen wurden mehrere größere Untersuchungen durchgeführt, bei denen ein langjähriges Potsdamer Beobachtungsmaterial sowie die Meßergebnisse einer Reihe mitteleuropäischer Stationen aus dem Polarjahr einheitlich verarbeitet wurden (1939); gleichzeitig wurde eine die Trübungsbestimmung ergänzende optische Methode zur Ermittlung des atmosphärischen Wasserdampfes entwickelt, die an Meßgenauigkeit der unmittelbaren aerologischen Bestimmung zum mindesten nicht nachsteht, an Einfachheit und Schnelligkeit der Durchführung durch die damit verbundene Möglichkeit, auch kurzfristige Veränderungen des atmosphärischen Zustandes zu überwachen, ihr sogar überlegen ist... Der Übergang zu spektrographischen Arbeitsmethoden seit 1936 bedeutete für das Meteorologische Observatorium die Erschließung neuer Arbeitsgebiete und damit die Möglichkeit eine Anzahl dringender Forschungsaufgaben und im Vordergrunde der heutigen Meteorologie stehende Probleme in Angriff zu nehmen... ...1937 wurde mit einem speziellen UV-Spektrographen eine photometrische Untersuchung der UV-Strahlung des Himmelslichtes in Angriff genommen. Das Problem der Ozonabsorption in diesem ultravioletten Spektralgebiet führte zu mehreren Experimentalarbeiten, nach Bereitstellung der erforderlichen Apparaturen weiterhin auch zur Beteiligung an laufenden Messungen des Ozongehaltes der Atmosphäre, die im Rahmen internationaler Zusammenarbeit ebenfalls aufgenommen wurden. Die gleiche Bedeutung gewann die spektrographische Methode im sichtbaren Spektralgebiet zum Studium der Extinktionsvorgänge, sowie im Ultrarot, wo die Nachprüfung und Erweiterung der bisher bekannten Gesetzmäßigkeiten der Wasserdampfabsorption ein dringendes Erfordernis ist..."

Von den zahlreichen Veröffentlichungen des Verstorbenen seien hier nur die beiden letzten größeren Arbeiten genannt:

„Atmosphärische Trübungs- und Wasserdampfbestimmungen nach Filtermessungen der Sonnenstrahlung. (Wiss. Abhandl. des Reichsamts für Wetterdienst. *5*, Nr. 10, 1939)" und „Über die Absorption des Wasserdampfes im Sonnenspektrum. (Met. Z. *60*, 37, 1943)".

Durch den zweiten Weltkrieg wurde natürlich die Fortsetzung dieser Untersuchungen stark behindert, um so mehr, da nun der Einsatz des Verstorbenen an verschiedenen Orten nötig wurde. Anscheinend war auch der durch die früheren Kriegsverletzungen geschwächte Körper den Strapazen nicht gewachsen. Bald nach einem unerwarteten Schlaganfall ist unser Kollege am 22. August 1944 seinen Leiden erlegen.

Mit dem Verstorbenen haben wir einen unserer eifrigsten und begabtesten Forscher auf dem Gebiete der Strahlungsforschung verloren. Im Verkehr mit ihm gewann man bald den Eindruck, daß die Wissenschaft noch viel von späteren Arbeiten erwarten durfte. Unermüdlich war er dabei, seine Forschungen zu vertiefen, sowohl durch Bearbeitung von Beobachtungsmaterial wie durch theoretische und experimentelle Studien. Er war in erster Linie Physiker. Sein hohes Ziel war, eine Strahlungsphysik aufzubauen, die in bezug auf Genauigkeit anderen Zweigen der Physik durchaus ebenbürtig sei. R. Süring.

Nachruf auf Fritz Schnaidt

Am 10. September 1944 ist einer der begabtesten unter den jungen Meteorologen, Fritz Schnaidt, das Opfer eines tragischen Unfalls geworden. Er wurde geboren am 15. März 1909 in München, besuchte dort die Volksschule und absolvierte im Jahre 1928 die Luitpoldoberrealschule. Anschließend studierte er an der Universität München Mathematik und Physik. Im Jahre 1932 legte er den I. Abschnitt des Lehramtsexamens für diese Fächer ab, im Jahre 1933 nach der Ableistung des vorgeschriebenen praktischen Jahres an der Luitpoldoberrealschule den II. Abschnitt. Hierauf war er ein halbes Jahr im Vorbereitungsdienst an dieser Schule. Im W.S. 33/34 und S.S. 34 war er Hilfsassistent am Mathematischen Seminar der Universität. Im Juli 1934 promovierte er mit einer Arbeit aus der Theoretischen Physik: Über das kontinuierliche und diskontinuierliche Comptonspektrum bei Wasserstoff. Als Nebenfächer hatte er Mathematik und Meteorologie gewählt. Bei dieser Gelegenheit auf ihn aufmerksam geworden übernahm ich ihn am 1. September 1934 als Assistenten an die B. Landeswetterwarte, der er bis zu ihrer am 31. März 1935 erfolgten Auflösung angehörte.

Es gelang, ihn für das Restinstitut, das Meteorologische Institut der Universität, frei zu bekommen, während die übrigen wissenschaftlichen Mitglieder der Landeswetterwarte auf den damals ins Leben gerufenen Reichswetterdienst übernommen wurden.

Das Institut ist in Personalunion mit dem Forstmeteorologischen Institut vereinigt, das unter der tatkräftigen Führung von R. Geiger experimentelle Außenuntersuchungen sowie Versuche im Laboratorium durchführte. Es war das Gegebene, Schnaidt ebenfalls an diesen Arbeiten zu beteiligen. Als am 1. April 1939 R. Geiger an die Forsthochschule Eberswalde berufen wurde, war es selbstverständlich, daß Schnaidt auf dessen Stelle als Observator zur Fortführung der Arbeiten berufen wurde, die er bis zum Ausbruch des Krieges 1939 zusammen mit unserem forstlichen Mitarbeiter Dr. Woelfle betreute. Bei Kriegsausbruch stellte sich Schnaidt wie alle übrigen Mitarbeiter sofort dem Wetterdienst der Luftwaffe zur Verfügung und wurde als Regierungsrat auf Kriegsdauer eingereiht. Als solcher hat er mehrere Kommandos absolviert.

Die Pflichten des Wetterdienstes, die er, wie seine militärischen Vorgesetzten einmütig bekundeten, vorbildlich erfüllte, genügten dem hochstrebenden jungen Gelehrten nicht. Er nützte jede freie Stunde zu wissenschaftlicher Betätigung und wandte sich seiner stillen Liebe zu, die ihn als erfolgreichen Schüler von Sommerfeld zur Meteorologie geführt hat, zur Thermodynamik der Atmosphäre, nachdem die experimentellen Aufgaben mit Kriegsausbruch eingestellt werden mußten. Ein Schreibtisch und die nötigen Bücher waren überall vorhanden. In rascher Folge erschienen bedeutungsvolle Arbeiten, von denen die über die adiabatischen Zustandsänderungen feuchter Luft, die abgeleiteten Temperaturen und den Energievorrat atmosphärischer Schichtungen als Habilitationsschrift von der Münchner Universität angenommen wurde. Seine Habilitation erfolgte im März 1942. Die Freude, Schnaidt auch im Hörsaal als Mitarbeiter zu haben, war von kurzer Dauer, da er im Januar 1943 mit der ehrenvollen Aufgabe betraut wurde, als Deutscher Leiter des Niederländischen Meteorologischen Instituts für die reibungslose und erfolgreiche Zusammenarbeit desselben mit dem deutschen Reichswetterdienst zu sorgen. Auch diese Stellung, die viel Takt erforderte, hat er zur allseitigen Zufriedenheit ausgefüllt. Bei jeder Begegnung hat er mir von den Anregungen berichtet, die ihm die Colloquien des wissenschaftlichen Stabes des Niederländischen Instituts gebracht haben, und gerne trug er zur Bereicherung unserer Institutsbibliothek mit niederländischer Literatur bei.

Es erübrigt sich, hier auf seine Arbeiten im einzelnen einzugehen; welche Beachtung sie gefunden haben, ersah ich anläßlich seines Ablebens das mir von vielen Kollegen teilnehmende Worte zutrug. Mit besonderer Freude hatte er noch die Mitarbeit an dem Lehrbuch von H. Koschmieder übernommen; weitere wissenschaftliche Pläne für ihn standen am Institut bereit. Das Schicksal hat es nicht gewollt, daß sie zur Ausführung kamen; aber das Denkmal, das er sich selbst in seinen Arbeiten gesetzt hat, hat es ihm nicht vorenthalten können. Möge er ein Vorbild für unsere jungen Freunde dafür sein, daß man sehr wohl neben beruflichen Verpflichtungen wissenschaftlich arbeiten kann, auch wenn das oft dopo lavoro geschehen muß. Für den von seiner Familie getrennten Schnaidt war die Forschungsarbeit Bedürfnis und Vergnügen.

A. Schmauß.

Meteorologische und geophysikalische Sonderberichte

Synoptischer Bericht über die Monate April und Mai 1946

(Herausgegeben von der Synoptischen Gruppe des Meteorologischen Zentralobservatoriums Potsdam.)

Am Meteorologischen Zentralobservatorium in Potsdam wurde zur Wahrnehmung der Aufgaben des früheren Wirtschaftswetterdienstes in Berlin-Tempelhof eine Synoptische Gruppe neu geschaffen.

Von ihr herausgegeben, sollen in Zukunft kurze Berichte über den Ablauf des Wettergeschehens in Nord- und Mitteldeutschland, nach synoptischen Gesichtspunkten bearbeitet, an dieser Stelle veröffentlicht werden. Derartige Berichte werden vierteljährlich erscheinen und jeweils die meteorologischen Jahreszeiten umfassen.

Die in diesem Heft abgedruckte Zusammenfassung für den meteorologischen Frühling (1. 3.—31. 5.) beginnt erst mit dem 1. 4. 46, dem Tag, an dem die Synoptische Gruppe ihre Arbeit aufnahm und regelmäßig Karten zeichnete.

Der Beginn des Monats April 1946 wurde für Mitteleuropa mit einer vorsommerlichen Schönwetterperiode eingeleitet. Ein in den letzten Märztagen über Westeuropa gelegenes Hochdruckgebiet hatte sich nach Osten ausgeweitet und lag am 1. 4. mit seinem Kern über der südlichen Nordsee. Nach weiterer Verlagerung in südöstlicher Richtung erreichte es abgeschwächt am 5. 4. den Nordbalkan. Während des in dieser Zeit über ganz Mitteleuropa herrschenden wolkenlosen Wetters kam es nur im norddeutschen Küstenraum in der an der Nordseite des Hochs einfließenden kühlen Meeresluft zur Ausbildung von Boden- und Hochnebel in den Nachtstunden. Bei rascher Erwärmung der Luftmasse über dem Festland wurden am 4. und 5. 4. in Potsdam Temperaturen von über 25 Grad als höchste des Monats erreicht. Währenddessen zogen an der Nordseite des Hochdruckgebietes entsprechend der südwestlichen Höhenströmung einzelne Störungen vom isländischen in den nordskandinavischen Raum.

Die Höhenkarte zeigte im Niveau der 500 mb-Fläche die Verlagerung eines in dem vom Mittelmeer bis nach England reichenden Hochkeiles am 2. 4. über Norddeutschland gelegenen Hochkernes bis zum Balkan. Dies ermöglichte das Einfließen von Kaltluft aus Norden in Verbindung mit der Ausbildung eines im Verlaufe des 6. 4. von Nordskandinavien bis zu den Balearen sich ausweitenden Höhentroges.

Während es im Bereich eines flachen Tiefs über Frankreich am 4. und 5. 4. zu Niederschlägen kam, drang die die Hochdrucklage über Mitteleuropa beendende m A K nach Südosten vor, erreichte am Mittag des 5. 4. die norddeutsche Küste und überflutete mit verbreiteten postfrontalen Niederschlägen ganz Deutschland. Der wohl als markantestes Wetterereignis des Monats anzusprechende damit verbundene Temperatursturz erreichte innerhalb von 20 Stunden in Mitteldeutschland Werte bis zu 26°. In Schnee- und Schneeregenfällen sank örtlich die Temperatur kurzfristig auf unter 0°. Der der Kaltfront folgende kräftige Druckanstieg führte zur Ausbildung eines sich von Irland langsam südostwärts verlagernden Hochs, das sich auch in der Höhenkarte ausprägte. Auf seiner Nordseite griff die kräftige Westströmung weiter südwärts über und führte einen Sturmwirbel aus dem isländischen Raum über Mittelnorwegen unter weiterer Vertiefung auf weniger als 975 mb am 9. 4. bis in den finnischen Raum. Auf seiner Rückseite erfolgte nun ein zweiter Kaltluftvorstoß, der in der Nacht vom 8. zum 9. 4. den mitteldeutschen Raum erreichte. Die in das Zirkulationssystem der Sturmzyklone mit einbezogene m A K drang als zweite Staffel nach Süden vor. In ihr sank die Temperatur in Potsdam in der Nacht vom 10. zum 11. 4. auf — 3°, das Erdbodenminimum auf unter — 6°, während am gleichen Ort die Höchsttemperatur am 10. 4. 5°, am 11. 4. 8° nicht überschritt.

Die Kaltluftzufuhr wurde durch eine von Island sich am 11. 4. mit sehr umfangreichem Niederschlagsfeld, das sich im Süden bis nach Mitteldeutschland erstreckte, nach Südskandinavien verlagernde Störung unterbunden. Während in Frankreich die Temperaturen am Morgen des 12. 4. nochmals stellenweise unter 0° absanken, wurde Deutschland an der Nordostseite des Hochs unter anhaltenden Regenfällen von feuchter Meeresluft überspült. Der Störungskern zog unterdes über die Ostsee in den südfinnischen Raum. Eine weitere Störung folgte in der weiterhin nordwestlichen Höhenströmung, gesteuert vom nordosteuropäischen Höhentief, bis nach Jütland und verlagerte sich stark abgeschwächt bis zum 15. 4. nach Nordrußland.

Druckanstieg über dem Festland führte zur Ausbildung eines Hochdruckrückens von den Azoren bis nach Mittelrußland und somit vom 13. bis 17. 4. zur zweiten Schönwetterperiode des April. Sie wurde in der absoluten Topographie der 500 mb-Fläche durch ein langsam sich ostwärts verschiebendes Hochzentrum über dem Kanal und einen sich von dort nach Norden erweiternden Hochkeil gekennzeichnet. Bei Abschwächung des Hochkernes verlief die ostwärts schwenkende Achse des Keiles am 16. 4. von Portugal zum Nordkap. Mit der südwestlichen Höhenströmung an seiner Westseite drang nun eine Störung, mit ihrem Frontensystem England streifend und Skandinavien überquerend, vom Atlantik bis ins Nordmeer vor. Eine weiter südlich ansetzende Zyklone folgte über die britischen Inseln nach Osten. An ihrer Kaltfront bildete sich über dem Kanal eine flache Welle aus, die, mit einem ausgedehnten Niederschlagsgebiet über Frankreich nach Mitteldeutschland ziehend, dort am 18. die Schönwetterperiode beendete. In der einströmenden feuchten Meeresluft stieg die Tageshöchsttemperatur in Potsdam am 18. 4 nur auf 12° gegenüber 23° am Vortage. Die von Norden nachfolgend einströmende m A K ließ in der Nacht zum 20. 4. die Temperaturen bis nahe an den Nullpunkt absinken, wogegen in der rasch alternden Luftmasse am 21. 4 als Höchstwert bereits wieder 20° erreicht wurden. Kräftiger Druckanstieg ließ das Azorenhoch mit einem Ausläufer wiederum bis nach Mitteleuropa vorstoßen, bis am 22. 4. hinter einem in der über Nordeuropa herrschenden Westströmung langsam nach Nordrußland wandernden Tief erneut Kaltluft, nach Süden vorstoßend, Deutschland überflutete. Dabei bildete sich wie beim vorhergehenden Kaltlufteinbruch ein Höhentrog von Nordskandinavien bis in den Mittelmeerraum aus. Das weiterhin steuernde Nordmeertief ließ am 25. 4. von Westen her erneut Kaltluftmassen mit postfrontalen Niederschlägen einfließen. Die gleichzeitig erfolgende Kräftigung des Rußlandhochs und Auffüllung des Nordmeertiefs hemmte jedoch ihre Einströmungsgeschwindigkeit.

Eine am 25. 4. vom Atlantik herangezogene Zyklone wurde über Mittelengland ortsfest. In der Höhenkarte bildete sich dabei ein Tief südlich Irland aus. Die damit über Mitteleuropa entstandene Südströmung hielt über das Monatsende hinaus an und führte Warmluft bis nach Südfinnland. Am 1. 5. wurde als höchster Wert in Potsdam 27° erreicht. Mit einer Südwärtsverlagerung des westeuropäischen Höhentiefs gekoppelter Bodendruckfall ließ es über Frankreich und Deutschland zur Entstehung eines flachen Tiefdruckgebietes kommen, in dessen Bereich an eingelagerten Störungslinien zahlreiche Wärmegewitter auftraten. Nach der überwiegend sehr wolkenarmen Hochdruckperiode über Mitteleuropa seit dem 19. 4. traten im Ostseeraum vom 28. 4. bis 2. 5. ausgedehnte Frühnebelfelder auf.

Mit der Abschwächung der südlichen Höhenströmung durch Verringerung der Druckgegensätze zwischen Westeuropa und Rußland griff die an der Nordseite des westlich der britischen Inseln liegenden Hochs herrschende Höhenströmung aus West weiter südwärts über. Dies ließ am 3. und 4. 5. kühlere Luftmassen über Deutschland einfließen. Durch starken Druckanstieg im Raum südlich Island verstärkte sich die Höhenströmung und nahm eine mehr nordwestliche Richtung ein. Ihr folgend drang Kaltluft in kräftigem Vorstoß am Abend des 5. 5. über die Nordsee vor, brachte für Nordwestdeutschland starke Abkühlung und erreichte am 6. 5. die Alpen. Das Atlantikhoch verstärkte sich unter gleichzeitiger Ausdehnung nach Osten. Eine an seiner Nordseite über Skandinavien nach Nordrußland vordringende Störung schnürte zunächst weitere Kaltluftzufuhr ab, ließ aber am 8. 5. auf seiner Rückseite erneut kühle Meeresluft nach Süden strömen, die in der Nacht zum 9. bis an die Donau gelangte und an der Südseite des Atlantikhochs von Osten her auch die britischen Inseln und Nordfrankreich erreichte. In der Kaltluft kam es diesmal zu weit stärkerer Abkühlung als bei dem am 5. erfolgten Kaltluftvorstoß und zum Auftreten von Bodenfrösten.

Die schroffen Luftmassengegensätze zwischen der über Norwegen lagernden Kaltluft, einem von einer am 10. über Skandinavien nach Südosten abgezogenen Okklusion herrührenden Warmluftrest und der an der Ostseite des bis in die Dänemarkstraße nordwärts verlagerten Atlantikhochs erneut nachfließenden kühleren Meeresluft führten am Morgen des 12. 5. zur Ausbildung einer flachen Störung über Südnorwegen, die diesem Raum bei ihrer langsamen Ostwärtsverlagerung Schneefälle brachte.

Entscheidend für das mitteleuropäische Wettergeschehen wurde aber die plötzliche Nordostwärtsverlagerung des bereits am 10. und 11. 5. den Wettercharakter in Frankreich beeinflussenden Biskayatiefs, dessen Kern in der Höhenkarte sich seit dem 12. langsam ostwärts verlagerte und am 14. 5. 00 Uhr über Frankreich lag. Die Zyklone zog mit einem ausgedehnten Niederschlagsgebiet, das am 13. 5. ganz Frankreich überdeckte, unter laufender Vertiefung weiter über Süd- und Mitteldeutschland und erreichte nach Überquerung der Ostsee am 15. 5. Südfinnland. Der Durchzug dieser Sturmzyklone ließ dabei am 14. 5. um 19 Uhr in Potsdam mit einem unreduzierten Barometerstand von 734,6 mm (auf NN reduziert 989,5 mb) einen seit 1893 nur einmal knapp unterschrittenen Maitiefstwert erreichen. Auf der Rückseite des Tiefs floß m A K unter stürmischen Winden im Nord- und Ostseeraum über Mitteleuropa und Frankreich ein. Dieser und der am 8./9. 5. vorangegangene A K - Einbruch sind wohl als die kalendermäßig fälligen „Eisheiligen" zu betrachten.

Durch die Trogströmung um ein am 15. 5. sich über der Nordsee bildendes Höhentief wurde wärmere Luft nach Nordosten herumgeführt. Ihr Aufgleiten über der A K führte in Deutschland zu Niederschlägen. Die Stelle des Atlantikhochs nahm vorübergehend das flache, über der Nordsee entstandene Tiefdruckgebiet ein, das sich samt seinem Höhenkern bis zum 18. 5. in die Biskaya verlagerte und weiterhin Warmluft mit schwachen Störungen über Mitteleuropa bis Finnland vordringen ließ. Bei erneuter Nordwärtsverlagerung des Höhentiefs und Druckanstieg über Osteuropa und Südskandinavien führte die Südströmung um das Tief herumgeflossene Kaltluft, mit postfrontalem Regen und Gewittern verbunden, über Frankreich bis nach Südwest- und Westdeutschland. Währenddessen kam es im östlichen Mitteleuropa unter Einfluß des kräftigen Hochs über Skandinavien und Mittelrußland zu einer Schönwetterperiode. Die an der Südseite des osteuropäischen Hochs von Osten her einfließenden trockenen warmen Luftmassen, in denen am 21. und 22. 5. in Potsdam als Tageshöchsttemperatur fast 28° erreicht wurden, führten zu wolkenarmem Wetter. Lediglich am 24. brachte ein sich weiter nach Westen verlagernder Kaltlufttropfen der deutschen Ostseeküste Regen.

Kräftiger Druckfall ließ am 26. 5. den tiefen Druck vom Atlantik her nach Osten übergreifen. Damit verbunden verstärkte sich über Westeuropa die Störungstätigkeit. Einem am 26. 5. über dem Rhein gelegenen, von reger Gewittertätigkeit begleiteten Schlechtwettergebiet folgten mit der anhaltenden Südströmung um das irische Tief im Wechsel mit subtropischen Warmluftmassen, worin mit fast 30° am 29. 5. in Potsdam das Temperaturmaximum des Mai erreicht wurde, eine Reihe von Kaltluftstaffeln mit zahlreichen Gewittern, die besonders stark in Westdeutschland auftraten. Jedoch ermöglichte erst ab 1. 6. der Abbau des nordosteuropäischen Hochdruckgebietes das als ersten Vorstoß des Sommermonsums anzusprechende weitere Vordringen von Störungen über Mitteleuropa bis nach Finnland.

Im ganzen gesehen war das meteorologische Frühjahr 1946 für das Gebiet östlich der Elbe zu trocken. Im April, der auch durch seine geringe Neigung zur für diesen Monat typischen Schauertätigkeit auffallend war, fielen meist nur 20 bis 60% des Durchschnittsniederschlages. Das Niederschlagsdefizit des Mai wurde durch die Gewittertätigkeit zum Monatsende auch nur örtlich ausgeglichen, während sonst allgemein die Gesamtniederschlagsmenge um etwa ein Viertel unter dem langjährigen Monatsmittel blieb. In beiden Monaten lag das Temperaturmittel um 2 bis 3° über dem Regelwert.

Witterungsbericht der Ostzone für Juli 1946

Bearbeitet im Meteorologischen Zentralobservatorium Potsdam

Der Juli war in der gesamten Zone zu warm und — mit Ausnahme kleiner Gebiete im Thüringer Wald, im Erzgebirge und im nördlichen Gebirgsvorland — niederschlagsarm.

Die Hochdrucklage, die sich bereits Ende Juni über Mitteleuropa angebahnt hatte, war im Zonenbereich noch bis zum 5. vorherrschend. Die wolkenarme Witterung dieser ersten Tage des Monats ließ die kräftige Sonneneinstrahlung ungehindert wirksam werden, brachte dem gesamten Gebiet starke Erwärmung und führte infolge der fortschreitenden Labilisierung der Luftmasse am 2., 3. und 4. vielfach zu Wärmegewittern. Diese waren jedoch — außer einzelnen gewittrigen Starkregenfällen mit Hagel im Bereich der Mittelgebirge — nur wenig ergiebig. Erst am Nachmittag des 5. wurde diese erste Hitzewelle mit dem Vordringen einer durch eine Gewitterfront eingeleitete Kaltluftstaffel aus dem Westen abgeschlossen. Niederschlagsmäßig wirkte sich diese Front nur im Küstenbereich, im unmittelbar angrenzenden norddeutschen Flachland und im Mittelgebirgsraum aus. Eine über den Alpen entstandene Vb-Störung an der Grenze zwischen der eingeflossenen Kaltluft und der bereits vorhandenen subtropischen Luftmasse führte vom 6. bis 8. im Binnenland zu einem ausgedehnten Wolkenschirm. Der Niederschlag jedoch beschränkte sich nur auf das nördliche Vorland der Mittelgebirge und auf letztere selbst. Inzwischen wanderte das bisher über den Azoren liegende Hoch nach Nordosten in Richtung auf den Süden der Britischen Inseln. An seiner Ostflanke hielt die allgemeine Nordwest- bis Nordströmung über Deutschland an. Die ursprüngliche Temperatur dieser an sich etwas kühleren, gestaffelt aber langsam einfließenden Luftmasse wurde über dem Festland durch kräftige Einstrahlung rasch erhöht. Der inzwischen stark abgeschwächte südbritische Hochdruckkern zerfiel am 12. in einen westdeutschen und einen Restkern über dem Bristolkanal. Die Hochdrucklage über Deutschland wurde so kurzfristig wiederhergestellt. Eine über dem mittleren Atlantik entstandene Wellenstörung wanderte am 13. nach Nordengland und wurde dort und über der mittleren Nordsee mit ihrem Tiefkern für längere Zeit fast ortsfest. Um diesen Kern herum wurden laufend Kaltluftstaffeln nach Deutschland hereingetrieben. Letztere wurden kurzfristig von Zwischenhochlagen am 16. und 20. unterbrochen. In der Zeit zwischen dem 15. und 20. kam es in der gesamten Zone zu schwachen, aber ausgedehnten Regenfällen, die an die ostwärtsziehenden Kaltluftstaffeln und Störungsreste gebunden waren. Der nordenglische Tiefkern füllte sich am 22. rasch auf. Dagegen entwickelte sich — ebenso wie am Monatsbeginn — wieder ein ausgeprägtes Islandtief. Die großräumige Südwestströmung an seiner Südostflanke verfrachtete erhebliche Mengen an Warmluft nach Mitteleuropa und führte dort — nach Durchzug einer in Auflösung begriffenen Warmfront im Bereich des norddeutschen Flachlandes — zum Aufbau hohen Druckes über Böhmen und den Westkarpathen. An der Warmfront des 23. kam es nur im Nordteil der Zone vereinzelt zu schwächeren Regen-

die beiden ausgeprägten Hitzeperioden des Monats — 1. bis 6. und 23. bis 27. — verantwortlich. Der 4. und 5. brachte auch dem Großteil der Zone das Monatsmaximum. Dagegen wiesen die Gebiete der Niederlausitz und des Spreewaldes ihre Tageshöchstwerte erst innerhalb des zweiten hochsommerlichen Zeitabschnitts auf. Diese Höchsttemperaturen lagen zwar um 1 bis 4,5 Grad über den entsprechenden Mittelwerten, erreichten jedoch die absoluten Höchstwerte in keinem Falle. Das Minimum des Monats mit nur geringfügigen Schwankungen um den Regelwert fiel in der gesamten Zone ziemlich einheitlich auf den 16. im Anschluß an den Kaltluftvorstoß der Vortage. Nur dem Süden des Thüringer Waldes brachte die Vb-Lage am 7. das Minimum. Die monatliche Temperaturschwankung war — entsprechend der hohen Maxima — bis zu 3 Grad

Die Witterung im Juli 1946

Station	Seehöhe (m)	Lufttemperatur in C⁰						Feuchtigkeit in %	Bewölkung 1 10	Niederschlag				Zahl der Tage										
		Mittel	Abweichung v. d. normalen	höchste	Datum	tiefste	Datum			Höhe mm	in % d. normalen	Maximum mm	Datum	Niederschlag ≥ 0,1 mm	Niederschlag ≥ 1,0 mm	Schnee	heitere	trübe	Nebel	Gewitter	Sturm	Eistage	Frosttage	Sommertage
Puthus	54	18,7	+ 2,3	29,5	5.	8,7	16.	76	3,0	47,3	60	10,4	21	9	8	—	13	1	--	5	1	—	—	5
Warnemünde	1	18,7	×	34,0	4.	8,9	16.	76	5,6	47,1	71	11,8	16.	13	9	—	1	7	1	5	1	—	-	8
Schwerin	59	17,8	+ 0,6	33,6	14.	7,9	16.	75	6,2	51,5	70	13 8	3.	12	8	—	2	8	1	5	-		-	10
Neustrelitz	64	18,7	+ 1,0	34,1	5.	8,2	16	75	6,2	40,0	43	16,2	22	11	6	—	2	5	4	7	—	—		12
Kyritz	49	19,2	+ 1,4	34,0	5.	8,7	16.	74	4,8	57,4	74	18,4	6.	10	7	—	3	5	3	3	-	-	—	16
Berlin-Dahlem	55	20,7	+ 2,7	35,2	5.	8,7	16.	71	6,1	37,0	46	10,2	16	9	6	—	1	8	—	4	—	—	—	17
Frankfurt a O.	59	20,1	+ 1,8	35,0	27.	7,7	16	85	5,8	58,1	81	24,5	29.	10	7	—	4	8	—	3	—	—	—	16
Magdeburg	79	19,2	+ 0,8	33,0	4.	7,8	16	70	5,9	22,2	33	9,0	29	8	6	-	1	9		2		—	-	16
Jüterbog	65	20,3	+ 2,2	34,4	27.	7,1	16.	68	5,2	60,3	83	15,4	28.	10	7	—	4	8	-	3	—	—	—	20
Kottbus	74	20,3	+ 1,6	35,0	27.	8,5	16.	71	5,9	66,8	84	25,7	29	15	8	—	3	9	—	4	—	—	—	20
Halle	103	20,4	+ 2,0	34,0	5.	10,7	16.	66	6,2	21,2	31	7,0	29	8	6	—	0	8	-	3	—		—	16
Görlitz	217	20,4	+ 2,5	31,0	5.	8,7	16.	69	5,0	133,9	148	25,3	29.	14	10		4	(8)	1	9	—	—	—	12
Dresden-Wahnsd	246	19,2	+ 1,6	33,5	5.	10,0	16.	72	6,0	93,1	105	28,1	29.	15	11	—	4	8	1	9	—	-	—	13
Erfurt	209	19,0	+ 2,0	×	×	×	×	73	5,8	59,3	85	16,1	21.	11	11		2	7	--	7	1	—	-	×
Chemnitz	356	18,3	+ 1,6	32,5	5.	7,5	16.	72	5,8	101,4	108	35,6	28.	1[illegible]	14	--	5	9	—	9	2	—	—	12
Sonneberg	636	16 6	×	29,0	4.	6,1	7.	75	6,0	126,0	152	32,0	3	17	14	—	3	10	8	12	-	—	—	9
Inselsberg	917	14,1	+ 1,6	26,7	4.	5,1	15., 16.	83	6,6	63,9	54	12,3	30.	17	12		3	13	19	7	5	-	—	3
Fichtelberg	1214	12,6	+ 1,1	27,0	5.	3,1	16.	84	6,8	187,2	145	36,9	29.	19	17	—	3	13	20	9	2	—	—	1

fällen. Die darauffolgende Hochdruckwetterlage war wieder von starker Erwärmung und anschließender Gewittertätigkeit begleitet. Im Laufe des 25. überquerte eine Kaltfront mit zahlreichen Gewittern die Zone. Am 27. folgte ihr eine zweite Staffel, jedoch blieb dabei der antizyklonale Charakter vorherrschend. Die Aufheiterung zwischen diesen beiden Störungen war daher sehr rasch wiederhergestellt, so daß die Temperatur dieser zweiten ausgeprägten Hitzeperiode des Monats bis zum 27. ansteigen konnte. Der Kaltluftstaffel des 27. folgten am 29., 30. und 31. weitere, die sich auch im Bewölkungs- und Niederschlagsfeld in immer zunehmendem Maße stärker ausprägten und die warme, hochsommerliche Witterung rasch beendeten. Vom 28. ab fiel in den letzten Tagen im gesamten Raum auch die weitaus größte Regenmenge des Monats. Sie erzielte vielerorts die Niederschlagshöchstwerte.

Die Temperaturmonatsmittel lagen im Ostseeküstengebiet um 0,6 bis 1 Grad — sonst um 1,5 bis 2,5 Grad — über dem Regelwert. Für diese erhöhten Werte sind größer als ihre Norm. Infolge des antizyklonalen Charakters des Monats war die Zahl der Sommertage durchweg gegenüber der Regel erhöht und zwar an der Küste, in Mitteldeutschland und im Bereich der Mittelgebirge um 2 bis 4, im norddeutschen Flachlande dagegen um durchschnittlich 7 Tage.

Die Summe des frontalgebundenen Niederschlages wurde von der einer zweiten Komponente — den lokalen Wärmegewittern — überlagert. Daher ergab die Verteilung der Niederschläge ein uneinheitliches Bild. Ein ausgeprägtes Minimum mit 21 bis 22 mm lag ostwärts des Harzes und reichte bis zur Elbe. Die Leewirkung des Harzes bei Westlagen, die geringe Ausdehnung des Vb-Niederschlagsfeldes, das das obengenannte Gebiet nicht mehr umfaßte, und die dort weitgehende Gewitterarmut waren die Ursachen für das Zustandekommen dieses Tiefstwertes. Die größten Monatssummen mit 100 bis 190 mm als Folge ausgiebiger Gewitterniederschläge meldete der Süden des Thüringer Waldes, das Erzgebirge und das Sudetenvorland. Im übrigen fielen in Groß-Berlin 35 bis 40 mm, an der

Ostseeküste 40 bis 50 mm und in den restlichen Landstrichen zwischen 40 und 95 mm schwankende Beträge. Im Vergleich zum langjährigen Durchschnitt wies der Großteil der Zone ein beträchtliches Niederschlagsdefizit auf. Das größte Defizit lag im Abschnitt ostwärts des Harzes mit nur 31 bis 33 vH des normalen Niederschlages. Gebiete mit Überschuß sind der Süden des Thüringer Waldes, das Erzgebirge, der Raum um Dresden und vor allem das Sudetenvorland. Die Zahl der Tage mit Niederschlägen war im überwiegenden Teil der Zone um 4 bis 6 zu gering; in den Mittelgebirgsteilen und ihren Ausläufern lag sie um 1 bis 2 Tage unter der Normalzahl; nur der Fichtelberg allein wies 3 Niederschlagstage über dem Durchschnitt auf. Die Zahl der Gewittertage entsprach im Küstengebiet dem langjährigen Durchschnitt. Im Bereich der Mittelgebirge und im Thüringer Becken lag sie mit 1 bis 3 Tagen darüber, in den übrigen Teilen der Zone um 1 bis 3 Tage darunter.

Die Bewölkungsmenge blieb vorwiegend um 4 bis 6 vH unter dem Durchschnitt. Die Zahl der heiteren Tage erreichte im Küstengebiet nur etwa 50 vH des Normalwertes. Im Bereich der Mittelgebirge überschritten sie diesen teilweise bis zu 100 %; im übrigen Gebiet lagen sie in der Nähe des Regelwertes. Dagegen schwankte die Zahl der trüben Tage ohne erkennbare Schwerpunktsbildung in geringem Maße um die entsprechenden Normalwerte.

Die Sonnenscheindauer war durchweg um täglich 1,5 bis 2 Stunden übernormal. An der Küste und im norddeutschen Flachlande wurden 60 vH der möglichen Dauer überschritten. Die geringsten Beträge wurden mit 45 bis 50 vH im Bereich des Harzes und mit rund 43 vH auf den Kammlagen des Erzgebirges registriert.

Die Sonnenscheindauer Juli 1946

Station	in Stunden	in vH d. mögl. Dauer	Abweichung in Std. v. d. normalen
Boltenhagen	300,4	*61*	—
Angermünde	289,9	*58*	—
Wall	296,8	*61*	—
Potsdam	282,2	*56*	+ 65
Schierke	239,6	*47*	—
Quedlinburg	226,8	*45*	+ 29
Halle	272,6	*55*	+ 47
Dresden-Wahnsdorf	257,5	*51*	+ 40
Sonneberg	235,2	*48*	—
Fichtelberg	218,6	*44*	+ 39

Endgültige Sonnenflecken-Gruppen- und Relativzahlen für 1945

Mitgeteilt von Dr. M. Waldmeier in Zürich, Eidgen. Sternwarte

	Januar		Februar		März		April		Mai		Juni		Juli		August		Septbr.		Oktober		Novbr.		Dezbr.	
	G	R	G	R	G	R	G	R	G	R	G	R	G	R	G	R	G	R	G	R	G	R	G	R
1	1	6	1	7	1	13	3	50	5	62	2	20	2	14	3	23	4	37	6	87	6	56	3	48
2	0	0	1	8	2	23	4	57	5	55	2	10	0	0	3	26	4	35	5	82	5	45	3	38
3	0	0	2	18	2	18	4	52	4	52	2	22	1	7	3	24	3	26	5	82	4	37	2	34
4	0	0	2	23	2	22	4	50	4	39	1	8	1	8	3	23	4	31	4	67	4	35	2	36
5	2	14	2	20	3	26	3	38	3	34	3	22	2	19	2	19	3	25	4	70	3	29	2	32
6	3	26	2	10	1	14	3	32	4	43	3	22	4	34	2	17	5	46	6	81	4	44	2	30
7	4	29	1	8	1	14	3	28	3	35	3	23	2	18	4	36	4	39	6	93	4	38	2	21
8	3	23	1	9	1	15	1	8	2	20	1	8	4	32	3	24	5	47	6	71	4	31	3	27
9	2	17	2	14	2	22	1	8	4	34	2	19	3	29	3	30	5	35	6	71	5	37	2	17
10	2	17	0	0	2	21	1	7	2	16	1	21	4	51	3	35	4	39	6	64	4	29	2	19
11	3	30	0	0	2	22	0	0	3	20	3	35	5	57	3	38	5	38	3	31	3	31	2	20
12	2	23	0	0	2	19	0	0	1	8	4	42	6	80	5	53	3	23	3	29	3	33	3	30
13	2	20	2	16	3	20	1	7	0	0	6	50	6	100	5	63	1	9	4	41	5	49	4	40
14	2	21	1	10	2	11	1	10	1	9	5	53	6	98	6	70	2	16	4	47	7	65	5	42
15	2	20	1	14	1	10	1	10	2	22	5	53	8	105	6	71	0	0	4	50	7	66	5	38
16	3	18	1	14	0	0	2	20	4	43	6	68	8	99	4	51	1	7	5	50	5	48	4	34
17	2	14	1	15	1	8	2	21	4	46	5	70	8	88	2	34	2	19	3	55	4	42	5	46
18	3	23	1	13	1	8	2	23	5	50	6	67	7	76	3	34	1	8	5	71	5	52	5	42
19	2	17	3	29	2	15	3	32	5	47	5	59	8	87	4	33	1	13	8	98	5	57	4	34
20	2	16	2	18	2	15	2	32	3	26	5	64	5	53	3	20	2	20	8	96	4	46	2	23
21	3	31	1	7	2	16	2	31	3	27	5	62	3	41	0	0	2	17	6	78	4	39	2	19
22	4	41	1	7	1	13	2	31	2	19	5	56	3	35	0	0	4	41	4	57	5	45	2	18
23	3	23	1	11	1	14	3	38	3	26	4	48	2	27	1	8	4	66	6	89	6	57	2	20
24	3	23	1	12	1	14	2	29	4	32	3	39	2	28	2	16	5	77	6	76	5	54	2	18
25	2	16	2	19	1	17	4	52	4	36	2	28	3	31	1	8	3	57	5	59	5	57	2	18
26	1	10	2	22	1	21	3	46	3	24	2	25	4	33	0	0	3	53	6	68	6	63	2	18
27	2	29	1	16	2	35	4	56	4	31	2	26	1	8	0	0	2	35	7	79	5	53	2	18
28	2	25	1	16	3	36	4	55	3	23	2	23	2	19	1	9	5	55	7	86	6	58	2	19
29	1	17			3	60	5	71	2	22	2	19	2	18	1	10	4	49	6	68	3	35	1	14
30	1	15			4	63	5	67	2	19	3	23	2	17	1	8	6	84	5	65	4	48	1	15
31	1	11			4	63			3	28			1	9	2	20			6	71			2	22
M	2.0	18.5	1.3	12.7	1.8	21.5	2.5	32.0	3.2	30.6	3.3	36.2	3.7	42.6	2.5	25.9	3.2	34,9	5.3	68.8	4.6	46.0	2.6	27.4

Jährliches Mittel der Gruppenzahlen G: 3.0. Jährliches Mittel der Sonnenflecken-Relativzahlen R: 33.2

Provisorische Züricher Sonnenflecken-Relativzahlen für das erste Halbjahr 1946

Mitgeteilt von Dr. M. Waldmeier in Zürich

Monat / Ta	Januar	Februar	März	April	Mai	Juni
1	25	94	96	99	163	20
2	35	103	83	102	150	28
3	34	104	71	99	156	31
4	24	109	92	105	145	26
5	18	110	98	74	150	43
6	12	114	88	97	116	63
7	10	102	65	71	103	54
8	15	91	71	80	82	75
9	19	77	65	83	72	70
10	38	121	78	55	61	48
11	35	115	67	64	52	54
12	21	103	71	74	41	62
13	73	96	57	64	36	—
14	103	79	50	62	40	74
15	109	64	52	52	17	92
16	93	53	49	50	37	81
17	83	58	59	48	66	67
18	59	54	87	65	92	94
19	56	60	106	56	85	68
20	51	45	96	64	89	112
21	58	65	101	58	78	105
22	44	70	97	56	84	—
23	48	67	109	61	88	111
24	59	87	64	58	102	112
25	—	70	55	69	110	99
26	29	90	57	67	85	101
27	45	86	49	78	104	94
28	43	90	60	109	76	94
29	50		60	119	59	75
30	56		87	117	41	89
31	83		94		37	
Mittel	47.6	84.9	75 3	75.2	84.4	72.9
Zahl der Tage	30	28	31	30	31	28

Nordlicht-Beobachtungen

1. In der Nacht vom 23. zum 24. März 1946: Zuerst bemerkt um 23.52 Uhr Weltzeit, diffuse wechselnde Erhellung von roter Farbe am Nordhimmel, Ende der Erscheinung wegen Mondaufganges nicht angebbar.

Beobachter: Ahnert, Beobachtungsstelle: Sternwarte Sonneberg i. Thür.

2. Am Abend des 25. März 1946: Kurz vor 21 Uhr Weltzeit starke Erhellung im magnetischen Nord mit Strahlenbildung, allmählich ausgebreitet von WNW bis NE. Höhepunkt der Erscheinung etwa 21.15 Uhr Weltzeit, zeitweise starke Strahlenbildung, Helligkeit etwa 60° hoch reichend. Später abnehmende diffuse Erhellung. Farbe weiß.

Beobachter: C. Hoffmeister, Beobachtungsort: Sternwarte Sonneberg i. Thür.

3. 23. bis 24. April 1946: Nordlicht zuerst bemerkt um 21.15 Uhr MEZ, diffuser Bogen, Himmel 20° hoch erhellt. In der Folgezeit dann und wann Strahlenbildung, Erscheinung jedoch meist diffus, aber recht hell, zeitweise 40° hoch reichend. Gegen 22 Uhr unter Schwankungen abnehmend, nach 22.05 Uhr wieder zunehmend. Nach 23 Uhr gewaltige Steigerung, Maximum gegen 23.45 Uhr mit lebhafter Strahlenbildung bis zum Zenit von NW bis NE. Nach 1 Uhr Abschwächung, aber Fortbestehen in immer noch großer Helligkeit mit starker Strahlenbildung bis nach Mondaufgang. Auch bei Mondhelligkeit waren die Strahlen noch zu sehen. Alle Zeitangaben nach MEZ.

Beobachtungsort: Sonneberg; Beobachter: C. Hoffmeister.

4. In der Nacht vom 26. zum 27. Juli 1946, etwa gegen Mitternacht (deutsche Sommerzeit), färbte sich der Himmel im Norden und Nordosten der meteorologischen Beobachtungsstation Frankfurt an der Oder rötlich. Die Erscheinung nahm in den nächsten Minuten an Intensität zu und erfaßte bald den ganzen Horizont vom Westen bis etwa zum Nordosten. Sie wurde so hell, daß sich die etwa 30 m entfernte Windfahne, die vorher nicht zu sehen war, in allen Einzelheiten abhob. Zur Zeit der höchsten Intensität zeigten sich im Norden und im Nordwesten zwei Maxima. In dem nordwestlichen Maximum zeigte sich kurzfristig strahlige Struktur (etwa vier bis fünf senkrechte hellere Bänder). Gegen 0.35 Uhr verblaßte die Erscheinung*).

Beobachter: Dipl. Met. Günther Horney.

*) Das Nordlicht am Abend des 26. Juli 1946 zeigte sich für kurze Zeit auch in Potsdam.

Herausgeber und Chefredakteur: Prof. Dr. Süring, Meteorologisches Observatorium Potsdam · Verlag: Deutscher Zentralverlag GmbH., Berlin C 2, Breite Straße 37, Telefon: 42 92 37/38 · Postscheckkonto: Berlin 140025 · Erscheint monatlich einmal · Bezugspreis: Einzelheft Mk. 4.—, Vierteljahresabonnement Mk 12.—, zuzüglich Zustellgebühr · In Postzeitungsliste eingetragen · Bestellungen über die Postämter, den Buchhandel oder beim Verlag · Anzeigenannahme: Wirtschafts-Werbung Brasse, Berlin NW 7, Unter den Linden 54 Telefon: 426475 · Druck: G - 4099 - (150) - Max Lipfert, Berlin NO 55, Prenzlauer Allee 36 · Veröffentlicht unter der Lizenz-Nr. 77 der Sowjetischen Militär-Administration in Deutschland

FSC
www.fsc.org
MIX
Papier | Fördert gute Waldnutzung
FSC® C083411

Zeitfracht Medien GmbH
Ferdinand-Jühlke-Straße 7
99095 Erfurt, Deutschland
produktsicherheit@kolibri360.de